梦想是成功人生的起点

郑斌◎编著

中国纺织出版社有限公司

内 容 提 要

梦想不一定会给你带来成功，但成功的人一定是拥有梦想的人。当然，梦想不是空想，需要我们踏踏实实付出努力，才能把梦想变成现实。

本书阐述了梦想的意义，以及在实现梦想过程中需要的毅力、宽容、信念、自律等，阐述“梦想是成功的起点”这一真理。人生需要梦想，没有梦想的人生是一种缺憾，是一次不完整的旅行。生活是平淡的，但梦想让人生不再平庸。

图书在版编目（CIP）数据

梦想是成功人生的起点 / 郑斌编著. -- 北京 : 中国纺织出版社有限公司，2021.4
ISBN 978-7-5180-8163-9

Ⅰ. ①梦… Ⅱ. ①郑… Ⅲ. ①人生哲学-通俗读物
Ⅳ. ①B821-49

中国版本图书馆CIP数据核字（2020）第218313号

责任编辑：张 宏　　责任校对：王蕙莹　　责任印制：储志伟

中国纺织出版社有限公司出版发行
地址：北京市朝阳区百子湾东里A407号楼　邮政编码：100124
销售电话：010—67004422　传真：010—87155801
http://www.c-textilep.com
中国纺织出版社天猫旗舰店
官方微博http://weibo.com/2119887771
三河市宏盛印务有限公司印刷　各地新华书店经销
2021年4月第1版第1次印刷
开本：880×1230　1/32　印张：6
字数：118千字　定价：39.80元

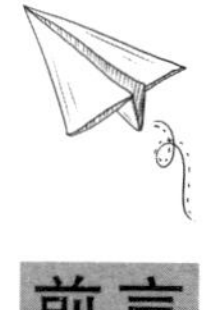

前言

苏格拉底曾说：“世界上最快乐的事，莫过于为理想而奋斗。”生活中，唯有青春和梦想不可辜负，因为梦想可以为人生开花。人生需要梦想，那梦想就好像风帆，为我们人生的小舟加入前进的动力；梦想就好像明灯，为我们人生指明前进的方向。

成功的人一定是有梦想的人，因为梦想是成功的起点。不难想象，没有梦想的人该是什么样的一个人，他一定是在碌碌无为和孤独绝望中苟延残喘。没有梦想的人，好像人生没了方向，像无头苍蝇一样转来转去，前方没有方向，便失去了努力的动力。对他来说，当一天和尚撞一天钟，日复一日，年复一年，把一生的日子过成了一天，终生碌碌无为，人生也就难以言说成功。

人生需要一种梦想，生命的火才不会被生活淹没。不管我们内心的梦想如何模糊，它总是潜伏在我们的心底，让我们的心永远得不到宁静，直到梦想成为现实。梦想是我们在大海迷失时的指南针，指引着我们在茫茫大海中寻找方向；梦想是我们人生荆棘丛中的路，指引着我们穿过丛林到达彼岸；梦想是沙漠中的一片小小绿洲，让饥渴的人看到生的希望。一个没有梦想的人，就好像没有灵魂的肉体，如同行尸走肉一般活着。

虽然梦想不一定使你成功，但成功的人是一定有梦想的人。

每一个成功者，曾经都是怀揣着梦想的平凡人。虽然他们平凡，却有着一个不平凡的梦。马云有梦想，所以他成功创立了阿里巴巴；司马迁有梦想，所以成功编写了《史记》；居里夫人有梦想，所以她发现了镭。其实，在成功之前，他们也只是平凡的人，却因为执著梦想而变得不平凡。心中有梦想，不仅要敢于想，而且要付出努力去实现它，这样才有意义。梦想是我们心灵的滋润，有了梦想才有了充实的人生。当我们心中种下了梦想的种子，就会不懈地追求它，用不停歇的脚步去实现自我人生价值，只要我们实现了人生价值，最终就能获得成功。

编著者

2020年10月

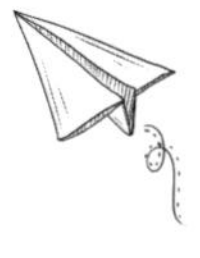

目录

第1章　若剥去了理想，那生命便只是空架子 ……001

志向，是人类行为的推动力……002

思想有多远，你就能走多远……005

优势积累，才能得到机遇的青睐……008

每个人都有一座潜能金矿……012

说一尺不如行一寸，立即行动……015

努力，为机遇积累实力……018

第2章　深窥自己的心，发觉一切奇迹就在你自己 ……021

与命运搏击，才能成为真正的强者……022

真正的成功秘诀是“肯定人生”……024

信心是一种积极的心态……027

充实自己，收获信心……031

没有自信，便没有成功……033

战胜别人，必须战胜自己……039

第3章　你遭受的痛苦越深，收获的喜悦也就越大 ……041

不服输，拿出你的勇气吧……042

失利只是暂时的，前方必定是成功……045

从失败中奋起，反败为胜 …… 048
咬咬牙，坚持一定会成功 …… 052
坚定的意志，给双脚添了一双翅膀 …… 056
坚持，不向命运低头 …… 059

第4章 天才就是这样，终身努力便成天才 …… 063
忍耐是成功之路，忍耐能转败为胜 …… 064
珍惜时间，想办法提高做事的效率 …… 068
追求卓越，没有人能完全松懈 …… 071
做小事情，踏踏实实做下去 …… 075
努力攀登，学习永无止境 …… 078

第5章 若离不开海岸，就不可能发现新大陆 …… 081
无论你失去什么，都不能失去勇气 …… 082
世界从来都给无畏的人让路 …… 085
冒险之前，先积累自己的实力 …… 088
具备实力，才能将事情做得尽善尽美 …… 090
理智的冒险，才有把握冒险成功 …… 093

第6章 生活在行动中，而不是生活在岁月里 …… 097
立即行动，在行动中超越自己 …… 098
时刻整装待发，冲刺成功 …… 100
延误时机，你永远在人后 …… 104

绝不拖延，尽全力日事日清……107
冷静判断，抓住最佳反应时机……110

第7章 能主宰自己灵魂的人，是征服者的征服者……115

担起社会的责任，时刻不忘回馈社会……116
战胜自我，成为真正的强者……119
自我约束，克服冲动与懈怠……122
逃避责任的人注定失败……125
没有纪律约束，自由就会泛滥……128

第8章 单枪匹马没有力量，合群才是最高需要……133

各取所长，把每个人的力量发挥到最大……134
杜绝个人主义，避免“螃蟹效应”……137
平衡好团队与个人的关系……139
近水楼台先得月，主动向领导取经……142
伟大只不过是谦逊的别名……145

第9章 要想比别人优秀，只有在每件小事上下功夫……149

从小事做起，从细节着手……150
平庸和杰出的差距就在一些细节中……153
步步为营，严谨行事……157
用心去做，小事能做成大事……160

第10章 朝新的道路前进，而不要跟随踩烂的路……………165
跳出思维框架，得到异乎寻常的答案……………………166
转换思维，出路就会在眼前………………………………170
打开想象力的闸门，翻腾思维大潮………………………173
温故而知新，使思想丰富起来……………………………176
谁拒绝创新，谁就会平庸…………………………………179

参考文献……………………………………………………184

第1章

若剥去了理想，那生命便只是空架子

人生是离不开理想的，因为理想对人生有积极的意义和作用。理想就宛如辰星，我们可能永远触摸不到，但我们可以像航海者一样，借星光的位置而航行。如果剥去了理想，那生命便只是空架子。

志向，是人类行为的推动力

当今社会，人与人之间的竞争愈加激烈。每个要步入社会的青少年都必须要具备竞争意识。而如果想提升竞争力，在竞争中脱颖而出并走向成功的话，还必须具备一个前提条件，那就是志向，这是每个青少年不断努力、不断进取的动力。

法国著名战略军事家拿破仑曾说过一句军事史上的名言：不想当将军的士兵不是一个好士兵。军衔对一个军人来说，就像是一种身份的象征。因为它彰显着自己的功绩，代表着荣耀。每个士兵都想当将军，这就是一种理念与方向，也是对志向的最好说明。世上成大事者都是因为自己有“想当元帅”的志向而最后如愿以偿的，否则就会永远平庸下去。其实志向也就是进取心。志向是人类行为的推动力，人类通过拥有志向，可以有力量攫取更多的资源。没有志向的人是可悲的，就像一只无头苍蝇，不知道前方的路在哪里。

竞争意识，勇夺第一，在竞争中获胜是成功的标志。胜利说明力量，说明人格，说明成就，说明一切。所以我们应该明白只有胜利，只有竞争，只有夺得第一才能赢得荣誉。

生活中，很多青少年热爱球类运动。赢得球赛的胜利和获得晋升有许多相似之处。

比尔·盖茨的格言是：“我应为王。”即使是屈居第二，对他来说，也是不可忍受的。他曾经对他童年要好的朋友说：“与其做一株绿洲中的小草，还不如做一棵秃丘中的橡树，因为小草任人践踏，而橡树昂首天穹。”

盖茨在小的时候，就有一种执着的性格和想成为人杰的强烈欲望。他的同学曾回忆说：“任何事情，不管是弹奏乐器还是撰写文章，除非不做，否则他都会倾其全力花上所有的时间来完成。”

他的进取精神在整个年级都是赫赫有名的，几乎没有同学能比得过他。盖茨读四年级时，老师给他们布置了一项作业，要学生写一篇长四五页的关于人体特殊作用的文章，结果，盖茨一口气写了30多页。又有一次，老师叫全班同学写一篇不超过20页的短故事，而盖茨却写了100多页。

他的同学回忆说：“比尔不管做什么事情都要弄它个十全十美，不到极致决不甘心。”

说到学习，早在盖茨中学时代，他的数学就是全校学得最好的。即使在哈佛这样天才荟萃的学府，比尔·盖茨的数学才能仍然很突出。按比尔·盖茨的天分，向数学方面发展，无疑可以成为一名优秀的数学家，但他发现还有几个同学在数学方面比他更胜一筹，于是，他就放弃了专攻数学的打算。因为他有一个信条：在一切事情上，不屈居第二。

可见，盖茨之所以能成为软件霸主，聪明并不是第一位的，他不愿屈居第二的志气才是成功真正的动力。

为什么在现实中有些人受人敬重，有些人却被人看不起，甚至被人踩在脚下？前者是因为他们有力争第一的心态，凡事努力；而后者，他们得过且过，即使掉在队伍后面，也不奋起直追，这就注定了这类人无法成大事。力争第一，是一种积极向上的心态，它为所有人创造了一种前进的动力。在很多时候，成功的主要障碍，不是能力的大小，而是我们的心态。

安踏有限公司总裁丁志忠立志要做世界鞋王，作为国内第一个用体育明星做广告的运动鞋企业，丁志忠被称为“第一个吃螃蟹”的人。丁志忠说，安踏不会做中国的耐克，而是要做中国的安踏、世界的安踏。

这个故事告诉我们，如果你认为自己只具有鞋匠的天赋，那就应该争取做世界上首屈一指的制鞋大王。

我们要明白，力争第一是成功者脱颖而出的诀窍。成功者永远要有超出众人之外的、敢于力争第一的心态。在成功之前，懂得必须以高于普通人的眼光来看待自己，否则你将永远都是一个弱者。“力争第一”的精神，是一个人不断进取的标志，它不允许人懈怠，它引领每个人向更高层次去努力、去进取。

成功者永远有超出众人之外的、敢于力争第一的心态。“力争第一”如同成功道路上的一盏明灯，指引人们永远向着光明的前方奋进。

因此，新时代的人们，如果你希望自己能够得到重用，如果你不甘于平庸，希望自己成为一个成功的人，就一定要在内心决定做第一。这样在你的意识中就会有信心做到完美，你的个性也才会真正成熟起来。相反，不想做得更好，就会做得更差。如果你自甘沉沦，不追求卓越，懒得提高自己的能力，那

么，你就不会有所进步。为此，我们要记住以下几点：

1.不是第一就要努力成为第一，把“力争第一”当成一种信念

“力争第一”的态度能激发内心一往无前的勇气和争创一流的精神，从而获得成功。力争第一，是一种追求、一种信念、一种无畏、一种越过沙漠荒原后，看到生命绿洲的快乐。因为挑战，任何一条路都有可能；因为挑战，你的潜能会被无限地激发，你会惊喜地发现自己是如此优秀。

2.开拓思维，给自己寻找更高的起点，让自己迎接新的挑战

不想当将军的士兵不是好士兵。在21世纪的今天，竞争没有疆界，只有谨记这三条，才会有明确的努力方向和广阔的前景。

思想有多远，你就能走多远

我们能成为什么样的人，就在于我们曾经做了什么样的梦。21世纪的青少年们，如若想成为一个成功的人，就要有一个正确的理念和远大梦想。有了梦想，明确了目标，为实现自己的目标而进行不懈的奋斗，才能成为你想成为的人。

人们常说“思想有多远，就能走多远”，这句话虽然有点儿夸张，但却道出了思想对行动的指导作用。只有我们想不到

的，没有做不到的。那么，青少年们，你是不是发现，自己正缺少这一点呢？你是否满足于你的现状呢？要知道，只要能树立正确的理念，非凡的人生就掌握在你们自己手里。

沃伦·巴菲特是2008年的世界首富。巴菲特的父亲是一家大公司的董事长，资产过亿。在大学毕业后，巴菲特想接管父亲的公司，却被父亲拒绝了。父亲曾慷慨地把大笔大笔的钱捐给了慈善机构，对巴菲特却异常“吝啬”，不肯给他一分钱，哪怕是创业资金。巴菲特想到银行贷款，请求父亲给他当担保，父亲又拒绝了他。为了积累创业资金，巴菲特开始了打工生涯。不久，巴菲特就用打工挣来的钱开了一个小店；尔后，小店成了公司；再后来，公司发展壮大了。

白手起家，也能成为世界首富，沃伦·巴菲特创造了财富神话！可能很多青少年会有这样的念头：我们发不了财，是因为我没有富爸爸。甚至悲叹没有人为自己提供现成的创业资金。这不是很可笑吗？沃伦·巴菲特之所以能缔造自己的财富神话，就是因为他有正确的理念：巴菲特为了解决创业资金问题，想得到父亲的帮助，遭到拒绝；想到了贷款，却没人担保；贷不到款，就去打工。在巴菲特面前，没有解决不了的问题；巴菲特没有时间怨恨，没有时间等待，只有急不可待地行动。这才是白手起家的世界首富的本色！

当今社会，有很多自主创业的年轻人，其中很大一部分是以失败告终。为什么呢？因为他们认为自己没有足够的启动资金，最终放弃了创业。持这种观点的年轻人，只看到问题的存

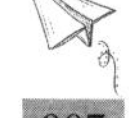

在，却找不到解决问题的方法；只看到困难，却看不到自己的力量；只知道哀叹，却不去尝试解决问题。这样的人永远也不可能成功。

据一项调查显示：浙江非公有制企业一百强中，约有90%的老板出身贫寒。一无所有的农机工项青松创办了浙江001电子集团有限公司；白手起家的农民叶仙玉创办了星星集团有限公司；贫穷的鞋匠南存辉成了亿万富翁；拉着黄鱼车奔走在杭州大街小巷推销冰棒的宗庆后创办了娃哈哈集团……

这些名人的成功无不验证了“满怀信心地去为实现自己的理想而努力”这句话的正确性。血气方刚的青少年，只要你敢想，再树立一个正确的理念，并为之奋斗，就可以铸造属于自己的不平凡的人生。

2001年5月20日，美国一位叫乔治·赫伯特的推销员，成功地把一把斧子推销给了小布什总统。布鲁金斯学会为此把一只刻有“最伟大推销员”的金靴子赠予了他。

成功后，面对记者的采访，赫伯特说：“我认为，把一把斧头推销给小布什总统是完全可能的，因为总统在得克萨斯州有一个很大的农场，里面绿树成荫。于是我胸有成竹地给他写了一封信：‘总统阁下，有一次，我有幸参观您的农场，发现里面长着许多矢菊树，有些已经死掉，我想，您一定需要一把小斧头……’然后总统真的给我汇了15美元。”

总统需要一把斧头？很多人的答案都是否定的，因为这似乎是常识。但思维观念与众不同的乔治却把这种不可能变成了

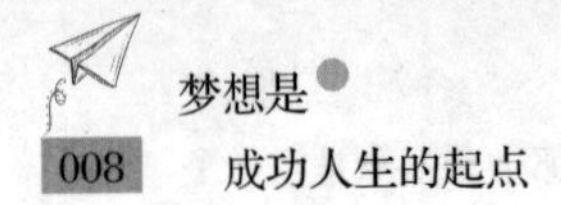

可能，并获得了“最伟大推销员”的荣誉。

伟大而卓越的人，之所以能够永无止境地创造和超越卓越，就在于他们拒绝接受平庸，他们追求卓越，所以他们功成名就。

为此，初入社会的青少年，从现在起，你只需树立一个正确的理念，充分调动你所有的潜能并加以运用，便能脱离平庸的人群，步入精英的行列之中！你可以记住以下几点：

1.关注未来，不要满足于现状

独具慧眼的人，是不会因眼前的蝇头小利而放弃追求梦想的愿望，他们会用极有远见的目光关注未来。

2.不要把梦停留在想上

梦想可以燃起一个人的所有激情和全部潜能，载他抵达辉煌的彼岸。但青少年们，有了梦想，不要把“梦”停留在“想”上，一定要制订目标，付诸行动，这样才可以带给你真正的方向感。

优势积累，才能得到机遇的青睐

现今社会，好高骛远、不脚踏实地是很多年轻人的通病。这些年轻人是思想上的巨人，行动上的矮子，信誓旦旦决定做一件事，但到实施的时候，却做不到一步一个脚印，每天朝目标迈一步。要知道，任何事情的成功都不是一蹴而就的，需要

我们一点一滴的付出。小事成就大事，在每件小事上认真的人，做大事一定成绩卓越。

现实生活中，很多满腔热血的年轻人，满怀理想，希望可以做出一番成就，但却做不到坚持，当发现自己离目标越来越远时，他们就会放弃。而事实上，成功往往都是一点一滴积累起来的。只要每天努力一点，就会积累得多一点，也就离成功更近一步。我们都明白这样一个道理：追求完美并不困难，就像擦鞋一样易如反掌。只要你学会了把鞋擦亮，对于更重大的事情，同样可以做到尽善尽美。我们应该训练自己养成追求完美的习惯，使这一习惯变成像呼吸一样的本能反应。

亿万富翁蒋建平就是通过每天卖盒饭慢慢积累资本而逐渐起家的，到2007年，他已经拥有了10亿元资产。小时候，蒋建平家境贫寒，只读到初中就辍学了。走出校门，蒋建平在粮管所当保管员。下岗后，接连两个月都没能找到工作，家里连买米的钱都是向父亲借来的。一天，饥肠辘辘的他，在一辆三轮车上花2毛钱买了盒米饭充饥。他从摊主的口中得知卖盒饭很赚钱，于是决定卖盒饭。

说干就干！蒋建平借了一辆三轮车开始卖盒饭。第一天，他和妻子忙碌了大半天，挣了110元。蒋建平看到了希望，整天骑着三轮车卖盒饭。由于借来的三轮车没有执照，经常被城管没收，他只得既交罚款，又说好话。

蒋建平想开一家快餐店，由于没有多少资金，他只好在常州一个偏僻的地方租了一间房子。没人知道他的快餐店，他就发小广告。就这样，他的盒饭事业开始快速发展。

蒋建平为什么能创业成功？听过这个创业故事，可能很多的青少年们都觉得很诧异，一个人通过卖盒饭发家？但这是一个真实的创业故事。越是贫苦的人，越容易在别人不屑一顾的地方发现机会，别无选择地干起别人眼中最卑微的工作，别人认为不值得一提的收入，让他感到无比兴奋；这种兴奋就是成就事业的强大动力。蒋建平的10多亿资产就来源于一辆借来的没有牌照的三轮车，来源于人们看不起的街头“盒饭事业”。

事实上，世上有很多适合白手起家的生意，只要你做一个有心人，就必能找到这样的生意。很多看似卑微的工作却正是最伟大的事业，卖拉链的、做纽扣的都能跻身世界500强。贫穷的人，没有创业资金，可以从那些别人看不起的行业做起，可能一不小心，就会跨入世界500强之列。

衣食无忧的青少年们，是不是对自己所做的平凡工作已经失去了激情，已经没有任何兴奋感？或者在抱怨自己总是没有机遇？“机遇总是留给有准备的人”这句话是有道理的。美国篮球名将乔丹对此深有体会，他说：“机会是为有准备的人准备的。抓紧所有的时间，让力量发挥到极致，那些斑斓多彩的机会，一个个就会来到这些人面前了。”

可见，一个没有牺牲精神、不懂得付出的人永远不会得到成功的机会。成功的秘密在于，当机遇来临的时候，你已经做好了把握住它的准备。聪明的人总是一方面从事手头的工作，一方面注意捕捉着取得突破或成功的时机，当时机没有成熟的时候，他积蓄力量或者寻找出路，一旦时机成熟就顺应形势或潮流，促成自己的事业达到顶峰。也就是说，比别人多付出一份努力，就意味着比别人多积累一份资本，意味着比别人多创造一次成功的机会……它也许就会改变你的一生。只有进行优势积累，才能得到机遇的青睐。

生命不息，奋斗不止，应该是每个人生存的原则，要捕捉机遇，就要积极进取，时刻准备。

这一启示告诉正在奋斗的青少年，从现在起，不要荒废时间了，不妨每天从以下几个方面努力：

1.重视生活中的每一件小事

有人问洛克菲勒："成功的秘诀是什么？"他说："重视每一件小事。我是从一滴焊接剂做起的，对我来说，点滴就是大海。"

2.修饰你做事的每一个细节

世界上许多伟大的事业都是由点点滴滴的细节小事汇集而成的。在小节上能够表现好的人，他在成功之路上一定会少出许多漏洞。相反，如果一个人不能关注细节问题，往往会因小失大，自毁前程。完美的细节代表着永不懈怠的处世风格，也是一个人追求成功的资本。

3.做好积累，发现机遇

首先你要明白一个道理：没有小，就没有大；没有低级，就没有高级。每天那些点滴的小事中都蕴含着丰富的机遇，伟大的成就都来自每天的积累，无数的细节就能改变生活。

每个人都有一座潜能金矿

人的潜能是人的能力中未被开发的部分，它犹如一座待开发的金矿，蕴藏无穷，价值无限。一个人最大的成功，就是他的潜在能力得到最大程度的发挥。但是，潜能只有和伟大的理想联合在一起，才能发挥作用。初入社会的青少年们，朝气蓬勃，无不怀着远大的理想，希望能做出一番事业。你们应以此理想为动力，点燃自己的热情，并正确地认识潜能，充分地发挥它，勇敢地激活它。

现代心理学提供的客观数据让我们惊诧地发现，绝大部分正常人只运用了自身潜在能力的10%。著名作家柯林·威尔森也说过："在我们的潜意识中，有一种'过剩能量储藏箱'，存放着准备使用的能量，就好像存放在银行里个人账户中的钱一样，在我们需要使用的时候，就可以派上用场。"可以这么说，每个人都有一座"潜能金矿"等待被挖掘。我们每个人，尤其是年轻人，身上的潜能是无限的。优秀人物既需要天分，也要靠后天的努力。人不经过良好的教育培训，即使有再好的天资也会被埋没。

可能很多青少年会认为，我不够聪明，我天生愚钝，我怎么可能会成功？在这种心态下，他们甘愿庸庸碌碌，即使自身蕴藏着无限的潜能，也只能被埋没。而实际上，人与人在智力上，并没有多大差异。

爱因斯坦是举世公认的20世纪的科学巨匠。他死后，科学界对他的大脑进行了一番研究。结果表明，他的大脑无论是体积、重量，还是构造或脑细胞，与同龄的其他人一样，没有区别。

的确，我们绝大多数人在降临人世时，条件都是相同的，并无优劣之分，后来由于受到不同环境、不同人生经历的磨炼，给予大脑不同程度的刺激，才产生了人与人之间的差异。

曾经有个美国人，他的名字叫史蒂文，和很多残疾人一样，他之所以坐上轮椅，是因为一次意外。20年的轮椅生活已经让他觉得自己的人生没有了意义，喝酒成了他忘记愁闷和打发时间的最好方式。可是，他的命运却在某天发生了意想不到的变化。

有一天，他从酒馆出来，照常坐轮椅回家，却碰上3个劫匪要抢他的钱包。

他拼命呐喊、拼命反抗，被逼急了的劫匪竟然放火烧他的轮椅。轮椅很快燃烧起来，求生的欲望让史蒂文忘记了自己的双腿不能行走，他立即从轮椅上站起来，一口气跑了一条街。事后，史蒂文说："如果当时我不逃，就必然被烧伤，甚至被烧死。我忘了一切，一跃而起，拼命逃走。当我终于停下脚步后，才发现自己竟然会走了。"

现在，史蒂文已经找到了一份工作，他身体健康，与正常人一样行走，并到处旅游。

大自然赐给每个人以巨大的潜能，但由于没有进行各种智力训练，每个人的潜能从没得到过淋漓尽致的发挥。人的潜能往往是通过强力激发出来的。人人都是天才，至少天才身上的东西都有可能在普通人身上找到萌芽。

这一启示告诉青少年们，只有树立理想，点燃激情，才能激发出无限的潜能。为此，你需要做到以下几点：

1.重新审视自己，找出自己的闪光点

每个人都有与众不同的地方，可能这些不同的地方会因为日常那些繁琐的事情而被掩盖，那么，从现在起，不妨停下脚步想想，你是不是在某些方面比别人更有天赋呢？如果有，就不要盲目奋斗了，重新审视自己，从自己最擅长的事情做起，你会省力、省心很多！

2.重新唤醒自己的梦想

每个青少年的心中，都有一个属于自己的梦想，但出于各种原因，这些梦想可能会逐渐磨灭。但你是否发现，正是因为失去了梦想，你才会显得无力，没有热情。任何人的潜能只有经过一个巨大的推力，才会被最大限度地激发出来。因此，不要犹豫了，为理想奋斗吧，你的人生会别样精彩！

说一尺不如行一寸，立即行动

我们知道，任何伟大的理想不经过实践和行动的证明，都将是空想。说一尺不如行一寸，只有行动才能缩短自己与目标之间的距离，只有行动才能把理想变为现实。成功的人都把少说话、多做事奉为行动的准则，通过脚踏实地的行动，达成内心的愿望。初入社会的青少年们，纵有满腔热血和理想，如果不行动的话，都将与成功无缘。年轻的你如果不行动而任凭时间流逝的话，恐怕只能慨叹“逝者如斯夫，不舍昼夜”，并将一事无成！

行动产生了信心，行动才有一切。立即行动，而不是寻找任何的借口逃避，这样的人才能最终赢得胜利女神的垂青。洛克菲勒曾说：“不要等待奇迹发生才开始实践你的梦想。今天就开始行动！”行动就是执行力，这一点，估计很多青少年都知道。当你树立了一个理念后，就要立即执行，不要恐惧，不要拖延，否则，成功的机遇就可能在瞬间流走。生活中，那些成功人士都有一个共同的特点，那就是敢作敢为，而非迟疑不定。乐安居董事长张庆杰就是以700元起家成为亿万富翁的。

读完小学，张庆杰就开始赚钱。刚开始，他靠卖水果补贴家用。1987年，张庆杰带着700元到深圳淘金。来到深圳，他仍然卖水果。他骑三个小时单车到深圳南头批发香蕉，再到人民桥小商品市场去卖，一天能挣几块钱。

一天，听一位老乡说，深圳有很多村民到香港种菜，每天都会捎回一些味精、无花果等。这些东西利大又好卖。张庆杰觉得这是个赚钱的门路。于是，说干就干，他开始走村串户收购无花果、衣服、袜子等，再拿到市场去卖。由于本钱少，张庆杰买回的东西不到一小时就卖完了。他想出一个办法：东西一脱手，他就马上再去收购，然后再卖……1987年，他赚到了16000元。有了这笔钱，他开始摆地摊。后来，他经营过服装，又从服装业转向珠宝业，事业开始大发展。

可能很多青少年会问，用700元能做什么？但这个问题也只有在实践和行动中才能找到答案，张庆杰也是这样做的，他从自己最熟悉的水果生意做起，艰苦奋斗，积累资金，寻找机会。

张庆杰的做法很值得我们借鉴。在行动开始之前，不要想得太多，成功的道路是闯出来的，不是设计出来的，你只需带着一颗努力的心上路就可以了。最有价值的思想是在实践中产生的，不是在开始行动之前产生的，在行动的过程中要勤于思考，勤于寻找机会，果断地把自己的思想变成行动。同样，生活中，当我们拥有一个理想或计划后，就要果断执行，不要给自己太多借口左思右想而延误行动。

孟列是个保险推销员，他非常喜欢打猎和钓鱼。有一天，当他依依不舍地离开心爱的鲈鱼湖，准备打道回府时突发异想：在这荒山野地里会不会也有居民需要保险？他可不可以沿铁路向这些铁路工作人员、猎人和淘金者拉保呢？

孟列在想到这个主意的当天就开始筹划。他向一个旅行社打听清楚后，很快整理行装。他不肯停下来让恐惧乘虚而入，因为在他看来，自己吓自己会使自己的主意变得荒唐，导致失败。他也不左思右想找借口，他上船直接前往阿拉斯加的“西湖”。

孟列沿着铁路走了好几趟，那里的人都叫他“走路的孟列”，他成为那些与世隔绝的家庭最受欢迎的人，不只因为有人愿意跟他们打交道，还因为他是第一个来向他们推销保险的人。

在孟列把突发的一念付诸行动以后，一年之内就做成了百万元的生意，因而赢得“百万圆桌”上的一席地位。

从孟列的成功故事中，我们更加验证了一个道理，立即执行是成功永远不变的法则，只有行动才是成功的保证，不要给自己停下来左思右想的机会，更不要驻足，勇敢往前走，成功就在前方！

成功者并不一定要在行动前就解决好所有的问题，而是在遭遇困难时能够想办法克服。做好每件事，既要心动，更要行动。想得好是聪明，计划得好更聪明，做得好是最聪明。

青少年们，从现在开始就行动起来吧，你们可以从下面这两个方面努力：

1.不要迟疑

每个人都害怕失败，于是，人们在执行之前，都会迟疑，而实际上，正是因为迟疑，人们开始恐惧、左思右想，最终被恐惧打败而不敢执行。在任何一个领域里，不努力去行动的人，就不会获得成功。世上没有任何事情比下决心、立即行动更为重要，更有效果。

2.不要拖延

懒惰是现代社会中很多青少年共同的缺点，他们总是为自己的懒惰找借口，而正是因为如此，他们最终也丧失了很多成功的机会。因为人的一生，可以有所作为的时机只有一次，那就是现在。

因此，青少年们，现在就去执行吧，只有行动才能使人变得更成熟！

努力，为机遇积累实力

“机遇总是留给那些有准备的人”，但同时，机遇也是需要我们主动创造的。那些甘于沉沦和平庸的人最终会沉沦和平庸下去，而那些主动执行、善于创造机会的人，则会从最平淡无奇的生活中找到微小的机会，用自身的行动改变他们的处境。生活中，一些青少年总是抱怨命运不公，得不到机遇的垂青，而实际上，你们这是在坐等机遇，而不是创造机遇，守株待兔通常会让机遇从身边溜走，梦想也就会随之成为泡影。

青少年们，可能你明白，天上不会掉馅饼，你也知道需要努力，需要为机遇积累实力，但这不是一句空话，更需要你们付诸实践。

建筑界亿万富翁吕双辉22岁时来到深圳闯荡，在5年的时间里，他只解决了自己的温饱问题，没有积攒下什么钱。1984年他来到新疆，在一个建筑工程队当木工。他手艺好，干活勤快，又肯动脑子，深得老板器重；工友们认为他的存在对他们的饭碗构成了威胁，总是想方设法地刁难他，最后竟然将吕双辉的住所洗劫一空。

一无所有的吕双辉又回到深圳。由于他为人忠厚，一个客户把70平方米的私人建筑承包给他。可吕双辉一没有设备，二没有人员，三没有资金。怎么办？他以自己的信誉做担保，以100元一条的高价从一家小店赊出“三五”牌香烟，又以60元一条的低价卖给另一个小卖部，得到了现金。有了钱，他就能购买原材料，租用设备，招聘工人。他说：“其实，当时我一分钱也没有赚到，还赔进自己的工资；不过，我就是靠这个起家的。”然后，他又用“高进低出”的方法倒卖大米，得到了更多的流动资金。工程完成后，客户认为吕双辉讲究信誉，工程质量好。于是又为吕双辉介绍了两项工程。1986年，吕双辉成立了自己的建筑队。

可能很多青少年会产生疑问：绞尽脑汁地寻找资金，辛辛苦苦地干活，工程质量很好，却“一分钱也没赚到”。吕双辉究竟为了什么？很简单，这是一种创造机遇的方法，也就是给自己做广告！虽然没有赚到钱，却赢得了客户的信任，构建了自己的信誉，为自己的发展铺平了道路。信誉比赚钱更重要。

从吕双辉创业的过程中，我们可以得知，不要忽视我们现在做的小事，这不是无用功，而是厚积薄发，等待机遇一举成功。当然，在机遇面前，更需要我们懂得把握。

机遇无处不有，无处不在，关键是看你能否把握住。偶然的机会只对那些勤奋工作的人才有意义。成功的秘密在于，当机遇来临的时候，你已经做好了把握住它的准备。时刻准备着，当机会来临时你就成功了。为此，青少年们，你们需要谨记以下两点：

1.做好积累

你生活在一个充满机遇的世界里，只要你加强知识的积累，拥有敢为天下先的创造意识和勇气，把握时机，那么你就会获得事业上的成功。每次陷入绝境都是一次挑战，只要坚持一下，总有一天你会成功！

2.用心发现机遇

现实生活中的一些机遇，是要用心去发现的。如果忽视了它，这种机遇可能就毫无意义。而那些主动执行、善于创造机会的人，会从最平淡无奇的生活中找到微小的机会，会用自身的行动改变自身的处境。

第2章

深窥自己的心，发觉一切奇迹就在你自己

我们踏上的人生，根本没有回头路，每一步都只能往前走。不管前方是激流，还是逆境，我们都需要积极面对。不论你正在经历怎样的困境，都不要一味地抱怨上天的不公平，而是要激励自己，努力打造非凡的人生。

与命运搏击，才能成为真正的强者

现实生活中有很多这样的人，总是害怕做事时遇到各种各样的风险，于是就什么都不做，到头来，只会一事无成。他们害怕受苦和悲哀，结果自然会遭受更大的痛苦和伤悲。毕竟很多事情失去了将不会再来，苦难并不会因为躲避而绕过你。每个人的成长都必须接受风雨的洗礼，一个真正的勇者无畏于任何风险，他们要勇敢地拿出真本事，与命运搏击，也只有这样，才能够成为真正的强者。也许，躲在安乐窝里会感觉到暂时的安全。然而，风雨是每个人必须经历的。逃避的人，最终会被风雨掀翻安乐的小窝，独自在风雨中瑟瑟发抖。一个人越是畏首畏尾，不敢冒风险，其风险越大；越是敢于冒风险，他的风险率反而越低，成功率也就越高。

每个青少年都知道，任何人都有趋利避害的心态，也就是说，人们都是害怕错误的，因为没有人希望自己在成功的路上走弯路。而正是这种心理的作用，使得人们畏首畏尾，不敢犯错，失去了许多学习和成长的机会。

而生活中，很多青少年也渴望得到成功，渴望开创自己的事业，但每当考虑到会有失败的可能时，他们就退缩了。因为他们怕被扣上愚蠢的帽子，受到别人取笑；他们不敢否认，因

为害怕自己的判断失误；他们不敢向别人伸出援手，因为害怕一旦出了事情而被牵连；他们不敢暴露自己的感情，因为害怕自己被别人看穿；他们不敢爱，因为害怕要冒不被爱的风险；他们不敢尝试，因为要冒着失败的风险；他们不敢希望什么，因为他们怕失望……这种可能会遇到的风险，让那些不自信的青少年畏首畏尾，举步维艰，他们茫然四顾，不知道自己的出路在何方，殊不知，人生中最大的冒险就是不冒险，畏首畏尾只会让自己的人生不断倒退。

一个被自己的退缩态度所束缚的人，就像是丧失了自由的奴隶。一个不愿意冒风险的人，不敢有所主张的人，只会断送美好的前程。

为此，青少年可以从以下两个过程来克服这种畏首畏尾的心理：

1.让“可能的最大威胁”在你的心理上化成“事实”，将害怕的内容引导出来

2.接着去接受被打击过的结果

当危险到来的时刻，流泪和躲避都是没有用的，只有坚强和勇敢地去面对才有出路。从现在开始，害怕风险的青少年们，不要再学鸵鸟掩耳盗铃，遇到危险时把自己的头插到沙土中而获得心灵的解脱了。实际上，即使失败了，最起码经历了这个过程，在内心深处也会感觉到欣慰，自己的人生又多了一些令自己值得回忆的东西。

真正的成功秘诀是“肯定人生”

俗话说：“金无足赤，人无完人。”能否接纳自己是衡量一个人心理状况是否积极和健康的一项重要指标。生活中，很多青少年因为自己的一些缺点而感到自卑，甚至一蹶不振。但你们没发现，如果一个人足够自信的话，这些缺点也是美的。

有一个这样的故事，说从前有一个农夫有两个水桶，一个桶是好的，另一个桶有一条裂缝。农夫每次到河边挑水时，那个完好的水桶总是能把水满满地从河里挑回主人家里，而有一条裂缝的桶每次回到主人家时都只剩一半水而已，这时候有裂缝的桶就感觉到自己无比痛苦、自卑。有一天，有裂缝的水桶鼓足了勇气跟主人说：“我为自己每次只能挑到半桶水而惭愧和自卑。”农夫惊讶地说：“难道你没看到你那边长着茂盛美丽的花草，而另外的一边草木不生吗？你可以让我一路上欣赏美丽的风景啊！”所以说，我们不要因缺点自卑，瑕不掩瑜，缺点不能抹杀掉强大的信心。

生活中的青少年，你还在为自己的那点缺点而自卑吗？其实这是不对的想法。对于缺点，你不用苛求自己，更不用总觉得自己不如他人。自卑是一种心理障碍，不仅妨碍个人身心健康，而且影响个人思想、学习进步。一旦你的内心被自卑占据，你的人生也将毫无色彩。

人生在世，无论我们做什么事，如果紧紧盯着自己的缺点的话，那么，这将会成为我们愉快生活的最大障碍。减小自己的心理负荷，抛开一切得失成败，我们才会获得一份超然和自在，才能享受幸福、成功的人生。莱利斯·格罗夫斯说：“没有人一生一帆风顺，任何人都会遭逢厄运。积极的心态和顽强的努力会让你能够解决任何难题。”

而实际上，没有人是毫无缺点的，问题是在我们的内心，这个缺点所占份额的大小，如果我们将缺点无限放大，那么，它将会腐蚀我们的心，阻碍我们成功；而如果我们能正视缺点，并在心理上把缺点限制在一定的范围内，它就会成为我们努力和奋斗的催化剂，助我们成功。

1942年，史蒂芬·威廉姆·霍金出生于英格兰。很难想象，年仅20岁的他就患上一种肌肉不断萎缩的怪病，整个身体能够自主活动的部位越来越少，以致最后永远地被固定在轮椅上。可他并没有因此而中断学习和科研，一直以乐观的精神和顽强的毅力攀登着科学的高峰。

霍金毕业于牛津大学，毕业以后，他长期从事宇宙基本定律的研究工作。他在所从事的研究领域中，取得了令世人瞩目与震惊的成就。

在一次学术报告上，一位女记者登上讲坛，提出一个令全场听众感到十分吃惊的问题：“霍金先生，疾病已将您永远固定在轮椅上，您不认为命运对您太不公平了吗？”

这显然是个触及伤痛难以回答的问题。顿时，报告厅内鸦雀无声，所有人都注视着霍金，只见霍金头部斜靠着椅背，面带着安详的微笑，用能动的手指敲击键盘。人们从屏幕上看到了这样一段震撼心灵的回答："我的手指还能活动，我的大脑还能思维；我有我终生追求的理想，我有我爱和爱我的亲人和朋友。"

报告厅里响起了长时间热烈的掌声，那是从人们心底迸发出的敬意和钦佩。

科学巨人霍金再次向每个自卑的青少年证明：即使你满身缺点，你还有可以引以为豪的优点，这些优点一样可以让你自信。当你不能改变那些外在缺陷的时候，不要悲伤，也不要失望，而应该庆幸，那些成功的人并非是完人，只是因为他们能微笑地面对困难。美国联合保险公司董事长克里蒙·史东说："真正的成功秘诀是'肯定人生'四个字，如果你能以坚定而乐观的态度，去面对一切困难险阻，那么，你一定能从中得到好处。"

凡事想得太悲观、太绝望，眼中的世界将是一片灰暗；凡事心中乐观，眼中的世界也是一片光明。积极的心态，能够激发我们自身的聪明才智。一个人如果心态积极，乐观地面对人生，那他就成功了一半。

青少年们，从这一启示中，你们需要明白以下几点：

1.发挥自己的长处

人是在战胜自卑、建立自信的过程中成长的。天之生人，千差万别，但比较而言，人是各有所长，各有所短。你在做事的时候，一定要注意发挥自己的长处，避免自己的短处。如果你总是做不适合你的事情，老拿你的短处与别人的长处比，那你很容易产生自卑感，挫伤自己的信心。

2.积极暗示

德国人力资源开发专家斯普林格在其所著的《激励的神话》一书中写道：“人生重要的事情不是感到惬意，而是感到充沛的活力。”“强烈的自我激励是成功的先决条件。”所以，学会自我激励，要给自己一个习惯性的思想意念。如果你在内心经常存有失败的念头，就已经输掉了一大截。相反地，倘若你对自己充满信心，并具有主宰自我的意志与习惯，那么即使面对逆境，也能泰然自若。这种强而有力的信心，事实上便是来自自信。换言之，自信是力量增长的源泉。

信心是一种积极的心态

成功人士的首要标志，在于他的心态。一个人如果心态积极，乐观地面对人生，乐观地接受挑战和应对麻烦事，那他就成功了一半。我们必须面对这样一个不争的事实：在这个世界上，成功卓越者少，失败平庸者多。成功卓越者活得充实、自在、潇洒，失败平庸者过得空虚、艰难、猥琐。为什么会这样？仔细观察、比较一下成功者与失败者的心态，尤其是关键时刻的心态，我们将发现“心态”会导致人生迥然不同。因此，任何一个希望成功的青少年，都要努力树立起信心，让信心激励你一步步走向成功。

信心是一切行动的源泉，因为信心是一种积极的心态。一个人一旦建立信心，就会有顽强的意志和坚忍不拔的毅力、百折不挠的精神。有不少人在困难面前表现出的往往是唉声叹气，或怨天尤人，或自暴自弃，甚至毫无目的地四处宣泄，而缺乏战胜困难的勇气和坚持不懈的毅力，常常是跌倒了就再也站不起来。其实并不是没有站起来的能力，而是缺少站起来的自信心。

在推销员中，广泛流传着一个这样的故事：两个欧洲人到非洲去推销皮鞋。由于天气炎热，非洲人向来都是打赤脚。第一个推销员看到非洲人都打赤脚，立刻失望了：“这些人都打赤脚，怎么会要我的鞋呢？”于是放弃努力，失败沮丧而回。另一个推销员看到非洲人都打赤脚，惊喜万分：“这些人都没有皮鞋穿，这皮鞋市场大得很呢。”于是想方设法，引导非洲人购买皮鞋，最后发大财而归。

这就是一念之差导致的天壤之别。同样是非洲市场，同样面对打赤脚的非洲人，由于一念之差，一个人灰心失望，不战而败；而另一个人满怀信心，大获全胜。

在人生的旅途中，一帆风顺、一路坦途的人是不存在的。关键是如何对待出现的困难和挫折。美国人杰·马丁在他的《强棒出击》一书中有这样一段话：“虽然我们控制不了环境，却能控制积极的态度和思想，掌握了这个原则便能成功。”

有一位22岁的年轻人，自从大学毕业后，一直找不到工作。尽管他有一张英国名牌大学新闻专业的文凭，但在竞争激烈的人才市场上，他却四处碰壁。

为了求职，他从英国本土的北方一直寻寻觅觅到首都伦敦，最后他走进了世界著名的《泰晤士报》的编辑部。

“请问你们需要编辑吗？”他十分恭敬地问。

对方看了看貌不惊人的他，说：“不要。”

他又问：“那需要记者吗？”

“也不要。”对方回答说。

“那么，排字工、校对呢？”他毫不气馁。

“都不要！”对方显然已经不耐烦了。

他却微微一笑，从包里掏出一块制作精致的告示牌，交给对方，说：“那您肯定需要这块告示牌！”

对方一看，上面写了这样一句话：“额满，暂不雇用。”

他的举动让报社的人忍俊不禁。一位主管很认真地在一旁观察他，发现他并不是在调侃报社，而是一脸的真诚。主管被他的认真和顽强行动打动，录用了他，把他安排到对外宣传部工作。

20年后，他在这家英国王牌大报的职位是，总编！他就是生蒙，一位资深且有着坚忍毅力和良好人格魅力的新闻工作者。

我们看到，一个成功的竞争者，除了要具备丰富的知识和各方面的才能外，还必须有健康的心理素质和良好的意志品格。生蒙求职成功的经历告诉我们，百折不挠的顽强意志和毅力、积极的心态是成功者必须具有的素质。

不论才干大小，天资高低，成功只取决于他们坚定的自信心。相信能做成的事，一定能够成功。反之，不相信能做成的事，那就决不会成功。

南北战争期间，一个士兵骑马给格兰特送信，由于马跑的速度太快，在到达目的地之前猛跌了一跤，那马就此一命呜呼。格兰特接到信之后，立刻写了封回信，交给那个士兵，吩咐士兵骑自己的马，迅速把回信送去。那个士兵看到那匹强壮的骏马，身上装饰得无比华丽，便对格兰特说："不，将军，我是一个平庸的士兵，实在不配骑这匹华美强壮的骏马。"格兰特将军回答道："世上没有一样东西，是美国士兵所不配享有的。"

青少年们，可能你们会认为，世界上最好的东西，不是我这一辈子所应享有的。生活上的一切快乐，都是留给那些命运的宠儿来享受的。有了这种卑贱的心理后，当然就不会有出人头地的观念。本来可以做大事、立大业的你，只能做着微不足道的小事，过着平庸的生活。

与金钱、势力、出身、亲友相比，自信、勇敢是更有力量的东西，是成功最可靠的资本。自信、勇敢能排除各种障碍、克服种种困难，能使事业获得圆满的成功。

那么，在日常生活中，青少年们，你们该如何培养这种积极的心态呢?

言行举止像你希望成为的人。

要心怀必胜、积极的想法。

用美好的感觉、信心与目标去影响别人。

使你遇到的每一个人都感到自己最重要、被人需要。

心存感激、学会称赞别人、学会微笑。

到处去寻找最佳的创新观念，培养乐观精神。

不要计较鸡毛蒜皮的小事，培养一种奉献的精神。

永远也不要消极地认为什么事是不可能的。

经常激励自己，相信自己能够做到。

充实自己，收获信心

任何一个人的成功，都不是一蹴而就的，都需要一个积累的过程。而同样，信心的积累也需要一个过程，这二者是相辅相成的。我们只有丰富自己的实力，才能让信心来得更胸有成竹。也就是说，渴望成功的青少年们，努力充实自己，踏踏实实丰富自己的知识，让自己逐渐具备成功的实力，你才会信心百倍地迎接挑战。

其实，每一分的进步都不会凭空而降，每一阶段的小胜也都不是靠运气就可以获得，化梦想为现实的道路，是一个人勤勤恳恳，脚踏实地闯荡的过程。梦想自然不能少，但务实的精神更不可丢，如果说梦想是成功的阶梯，通向成功之门，那么务实的态度和务实的行动便是走一步留下的脚印。爱默生告诫我们："人总归是要长大的。天地如此广阔，世界如此美好，等待你们的不仅仅是需要一对幻想的翅膀，更需要一双踏踏实实的脚！"

除了天分，日本著名作曲家小泽征尔拥有更多的是勤奋。日本作曲家武满彻曾经在小泽寓所住过一段时间，目睹了大师的勤奋，他说："每天清晨四点钟，小泽屋里就亮起了灯，他开始读总谱。真没想到，他是如此用功。"原来，小泽从青年

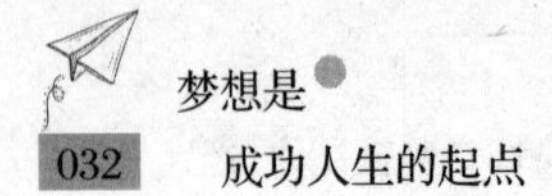

时代就养成了晨读的习惯，一直坚持到今天。“我是世界上起床最早的人之一，当太阳升起的时候，我常常已经读了至少两个小时的总谱或书。”小泽这样说。

正是因为如此，在一次演出中，小泽征尔突然发现乐曲中出现不和谐的地方。开始，他以为是演奏家们演奏错了，就指挥乐队停下来重奏一次，但仍觉得不自然。这时，在场的作曲家和评判委员会权威人士都郑重声明乐谱没问题，而是小泽征尔的错觉。他被大家弄得十分难堪。在这庄严的音乐厅内，面对几百名国际音乐大师和权威，他不免对自己的判断产生了动摇，但是，他考虑再三，坚信自己的判断是正确的，于是大吼一声：“不！一定是乐谱错了！”他的喊声一落，评判台上那些高傲的评委们立即站立报以热烈的掌声，祝贺他大赛夺魁。原来，这是评委们精心设计的圈套。前面的选手虽然也发现了问题，但都放弃了自己的意见。

伟大的成功和辛勤的劳动是成正比的，有一份劳动就有一份收获，日积月累，奇迹就可以创造出来。这是绝对的真理。只有勤奋工作才是最高尚的，才能给人带来真正的幸福和快乐。勤奋是通往荣誉圣殿的必经之路。青少年们，从现在起，为你的信心加点砝码吧，如果你有伟大的才干，勤勉将会增进它；如果你只有平凡的才能，勤勉也可以补足它。你想收获多少，你就要付出多少。

天下没有免费的午餐，只有努力充实自己才会获得你想要的一切。充实自己是收获信心进而收获成功最坚实的基础。

那么，青少年们，你们该怎样做呢？

1.凡事坚持到底，不可三分钟热度

三分钟的热情会让你有种挫败感，而这种挫败感又会让你做不到坚持，如此反复、恶性循环，会让你陷入极度自卑的恐慌中。哲学家彭加勒曾说：“出人意料的灵感，只有经过了一些日子，通过有意识的努力后才会产生。没有努力，机器不会开动，也不会生产出任何东西来。”其实成功也并不是多么艰难的事情。选择一个适合自己的目标，然后埋头干下去，总有一天你会成功。

2.树立脚踏实地的态度

要想成就一番事业，就必须要具备勤奋的工作态度。爱因斯坦说：“人的价值蕴藏在人的才能之中。在天才和勤奋两者之间，我毫不迟疑地选择勤奋，她几乎是世界上一切成就的催产婆。”真正的成功是一个过程，是将勤奋和努力融入每天的生活中，融入每天的工作中。成功没有捷径，它需要脚踏实地。

没有自信，便没有成功

世间万事万物，都处于不断变化中，幸运的同时并非没有烦恼，而一切厄运也绝非没有希望。所以，只要坚定信念，把信念作为一面旗帜，厄运与困难就会迎刃而解，烦恼和痛苦也会烟消云散。的确，渴望成功的青少年们，如果你认定自己是一块不起眼的陋石，那么你可能永远只是一块陋石；如果你坚信自己是一块无价的宝石，那么你可能就是一块宝石。因为无论你做什么，自信都能让你超水平发挥。

的确，信心是一股巨大的力量，只要有一点点信心就可能产生神奇的效果。信心是人生最珍贵的宝藏之一，它可以使你免于失望；使你丢掉那些不知从何而来的黯淡念头；使你有勇气去面对艰苦的人生。相反，如果丧失了这种信心，则是一件非常可悲的事情。你的前途之门似乎关闭了，它使你看不见远景，对一切都漠不关心，使你误以为自己已经不可救药了。

没有自信，便没有成功。一个获得了巨大成功的人，首先是因为他自信。有人说，自信是成功的一半，但它毕竟还不是成功的全部。若不充分认识这一点，总有一天你会连原来的一半也丧失。自信的人依靠自己的力量去实现目标；自卑的人则只有依赖侥幸去达到目的。自信者的失败是一种人生的悲壮，虽败犹荣。

青少年们，你们要知道，命运永远掌握在强者手中。你也许相貌平平，也许一无所长，但你不应该自卑，也许在某方面你存在着惊人的潜力，只是你并没有发觉罢了。正视自己，更深层地挖掘潜力，相信天生我材必有用，是金子就一定会发光。

当你总是在问自己：我能成功吗？这时，你还难以撷取成功的果实。当你满怀信心地对自己说：我一定能够成功。这时，人生收获的季节离你已不太遥远了。

一位音乐系的学生走进练习室。在钢琴上，摆着一份全新

的乐谱。

“超高难度……”他翻着乐谱，喃喃自语，感觉自己对弹奏钢琴的信心似乎跌到谷底，消弭殆尽。已经三个月了！自从跟了这位新的教导教授之后，始终不知道为什么教授要以这种方式整人。他勉强打起精神，开始用自己的十指奋战、奋战、奋战……琴音盖住了教室外面教授走来的脚步声。

指导教授是极其有名的音乐大师。授课的第一天，他给了自己的新学生一份乐谱。“试试看吧！”他说。乐谱的难度颇高，学生弹得生涩僵滞、错误百出。“还不成熟，回去好好练习！”教授在下课时，如此叮嘱学生。

学生练习了一个星期，第二周上课时正准备让教授验收，没想到教授又给他一份难度更高的乐谱，“试试看吧！”上星期的课教授也没提。学生再次挣扎于更高难度的技巧挑战。

第三周，更难的乐谱又出现了。这样的情形持续着，学生每次在课堂上都被一份新的乐谱困扰，然后把它带回去练习，接着再回到课堂上，重新面临两倍难度的乐谱，却怎么样都追不上进度，一点也没有因为上周的练习而有驾轻就熟的感觉，学生感到越来越不安、沮丧和气馁。教授走进练习室，学生再也忍不住了。他必须向钢琴大师提出这三个月来为什么不断折磨自己的质疑。

教授没开口，他抽出最早的那份乐谱，交给了学生。“弹奏吧！”他以坚定的目光望着学生。

不可思议的事情发生了，连学生自己都惊讶万分，他居然可以将这首曲子弹奏得如此美妙、如此精湛！教授又让学生试了第二堂课的乐谱，学生依然呈现出超高水准的表现……演奏结束后，学生怔怔地望着老师，说不出话来。

“如果，我任由你表现最擅长的部分，可能你还在练习最早的那份乐谱，就不会有现在这样的程度……”钢琴大师缓缓地说。

从这个故事中，我们发现，原以为自己只习惯在自己熟悉的领域表现自己的能力并驾轻就熟，而事实上，如果我们自信一点，并能将那些压力转化为动力，那么，我们便能挖掘出无限的潜力，甚至可以超水平发挥！

自信，使不可能成为可能，使可能成为现实。不自信却使可能变成不可能。一分自信，一分成功；十分自信，十分成功。

这一启示告诉青少年们，人的潜力无穷，如果你对自己有足够的信心，你就会发现自己原来拥有这样的潜力，原来自己可以做到许多事情，如果你想有个辉煌的人生，那就把自己扮演成你心里所想的那个人，让一个积极向上的自我意象时时伴随着自己。

一个人在人生中不免会经历许多挫折和失败，而自信在这时得到了人们的选择，如果你选择了自信，那成功就会在不远处随你而来，如果你选择了另一种，那成功会毫不犹豫地离你而去，给你留下永远失败的记忆，让你落到人生的最低谷，永远也不会得到属于你自己的那份成功。所以，处在人生征程上的青少年们请记住，自信是你在成功和失败之间的转折点，需要你慎重地选择，好好地把握！

自信是成功的第一秘诀，世上最可怕的不是敌人，而是你自己，你脆弱的心是你最可怕的敌人。自信是一根柱子，能撑起精神的广袤天空，自信是一片阳光，能驱散迷失者眼前的阴影，能够使我们飘浮于人生的泥沼中而不致陷污。

可能现在的你刚刚经受挫折的折磨，但不要怕，从头再来，把失败当成你脚下的基石，只要努力地踮起脚尖用自信把自己抬高点，相信自信可以战胜一切挫折与失败，用自信点亮成功，用自信克服失败，用自信战胜挫折——这就是你成功的秘诀！

生活中，有些人总是不相信自信的力量，总是在最低落和失败到极点的时候放弃，其实在你放弃的前一秒想到自信，那你就会得到另一种截然不同的结果——成功！有些事，总是在你最不想放弃时选择丢弃，无奈让你觉得这是唯一的办法，可这恰恰是一种懦弱，不敢面对现实的表现，如果因为这些小事而放弃最终的目标，你不觉得你和失败做了一场赔本的买卖吗？你不觉得你和成功一起变成了穷光蛋吗？回头想想，你当初要是自信点，把失败看作一块小小的绊脚石，那份当初应该属于你的成功现在不就在享受吗？可是世界上没有后悔药，当你后悔了，连最有效的药——自信，也救不了你的后悔，所以只能说，自信是你在不后悔的前提下选择的！

马云曾说过：“今天很残酷，明天更残酷，后天很美好，但大多数人死在明天的晚上，看不到后天的太阳。”是的，人就是这样，只要你勇敢地去克服、面对，战胜今天、明天残酷的现实，那后天的太阳一定为你升起，可如果你不这样做，那你只能

“死”在明天的晚上，永远看不到后天为你升起的太阳！

信念是一种无坚不摧的力量，当你坚信自己能成功时，你必能有所成就。许多人一事无成，就是因为他们低估了自己的能力，妄自菲薄，以至于缩小了自己的成就。信心能使人产生勇气和成功的契机。

这一启示为处于挫折中的青少年们指明了道路，你们需要谨记以下两点：

1.选择积极的自我意识

自信的产生是自我意识的选择。一个人可以选择成功的自信，也可以选择束缚自己的自卑，这一切全由人自己来决定。如果你想选择自信，你应先弄清自己身上的优点、长处，一条一条记在心里，不断地告诉自己：“我身上拥有无限的能力和无限的可能性。”当你弄清了自己的强项，选择和发挥自己最擅长的能力，也就是自己的优势潜能时，就自然产生了自信。

2.用自信征服别人，为自己争取机会

曾经有人问康拉得·希尔顿：“何时得知自己将会成功？”希尔顿的回答是：“当我还潦倒困顿到必须睡在公园的长板凳上时，我已经知道自己以后将会成功。”可见，无论发生什么事，无论处于什么境地，自信者都相信自己一定能成功。拥有自信心态的人让人更容易相信他们的能力，因而也会得到更多的锻炼机会，使他们成为更有能力的人。一个真正拥有自信的人，不会让自己的人生随波逐流，他们会扼紧命运的喉咙，成为生命的主人。

战胜别人，必须战胜自己

在现实生活中，我们几乎每个人都知道自信对事业、对人生的重要性，但是知道自信的重要性，并不就等于有了自信。很多满怀激情与梦想，并渴望成功的年轻人，最缺少的就是自信。这种类型的人对于自己能否担负责任感到疑虑，他们怀疑自己能否抓住有利机会，总是认为事情不可能顺利进行，从而抱着忐忑不安的心态。此外，他们也不相信自己可以拥有心中想要的东西。于是他们往往退而求其次，只要拥有些许的成就便觉得心满意足。而缺乏自信也一向是困扰人们的大问题，有项针对某大学选修心理学的学生做的调查，其中有一个问题是个人最感困扰的事，调查结果显示，缺乏自信的人占75%的比率。在生活中，因循、畏缩、深陷于不安感，甚至对自我能力怀疑的青少年，几乎随处可见。而更为严重的是，这些青少年在挫折和失败面前，更容易一蹶不振。实际上，他们不是被失败打败了，而是被自己打败了。

“要战胜别人，首先必须战胜自己。”蒙哥马利这样说。有时候，我们的敌人不是挫折，不是失败，而是我们自己，如果你认为你会失败，那你就已经失败了。一个人，只有把藏在身上的潜能挖掘出来，时刻保持着强烈的自信心，才有可能获得成功，成功者之所以成功，是因为他与别人共处逆境时，别人失去了信心，他却下决心要实现自己的目标。

一个人的“认为”，就是心里对自己说的话，说自己不行的人，爱给自己说丧气话，遇到困难和挫折，他们总是为自己寻找退却的借口，这些话正是自己打败自己的最强有力的武器。说自己行的人，在积极心态的支配下，不论遇上什么困难和挫折，都能坚持到底，永不放弃。

从这一启示中，身处逆境的青少年可以这样做：

1.让自信帮助你走到最后

居里夫人曾经说过："生活对于任何一个男女都非易事。我们必须要有坚韧不拔的精神，最要紧的，还是我们自己要有信心。我们必须相信，我们对一件事情具有天赋的才能，并且无论付出任何代价，都要把这件事情完成。当事情结束的时候，你要能够问心无愧地说已经尽我所能了。一个人只要有自信，那么他就能成为他希望成为的人。"

2.寻找成功的榜样

"别人的成功，永远是自己的榜样。"做一个成功的人应该是每个人一生追求的最高境界。而逆境中，榜样的作用是不可估量的，榜样能激励你跨过最困难的难关。

第3章

你遭受的痛苦越深，收获的喜悦也就越大

一个成功者，内心必须要有坚毅的品质，总想着那些感到荣耀与骄傲的事情，就会照亮前方的路。生活中总有一些艰难的岁月，在很多时候，只有那些艰难的日子才会成为生命中最精彩的日子，因为会让你变得刚毅坚强，不畏失败。

不服输，拿出你的勇气吧

诚然，人生本身就布满挫折与痛苦。但要想取得胜利，到达成功的彼岸，就要踢开那些阻碍前进的绊脚石。每个人都遇到过痛苦，品尝过跌倒的滋味，但不管怎样，只要你无所畏惧，正视困难，打败困难，你就能将困难踩在脚下，赢得胜利。

人生阅历和社会经验尚浅的青少年们，你们要记住，无畏是一种杰出的力量。你的人生才刚刚开始，只有做到无畏，才会让困难畏惧你，继而被你打败。人的一生本身就是一个不断遇到困难、打败困难，从而变得不断成熟、不断充实的过程。勇气的培养在这个过程中起着至关重要的作用。

青少年们，可能一直处于长辈、家庭保护下的你们也希望能独立自主，奋斗出属于自己的成功，但在具备这一想法后，你就要做好迎接挑战和困难的准备。勇敢地往前冲，即使再次失败，也不要害怕，这是你成长的必经过程。

1906年11月，本田宗一郎出生在日本荒僻的兵库县的一个贫穷家庭。由于家庭贫穷，9个孩子中有5个因营养不良而早夭。

本田在上学的时候非常喜欢逃课，这让他的父亲伤透了脑筋。用本田自己的话说“那种正规的教育真是让人厌恶”，但

是，对于学校的实验课，他却非常喜欢，所以他经常逃课去别的班级上他们的实验课。早期的这种富于探索的精神，为他以后的事业奠定了良好的基础。

后来，本田创立了自己的摩托车制造公司。当时摩托车行业已经趋于饱和了，但是他没有畏惧，依然硬着脑袋挤了进去。在5年内，他打败了250个竞争对手，实现了儿时制造更先进的摩托车的梦想。当然，这期间，他经历了一系列失败。

当本田成功的时候，他说："回首我的工作，我感到我除了错误，一系列失败、一系列后悔外什么也没有做。但是有一点使我很自豪，虽然我接连犯错误，但这些错误和失败都不是同一原因造成的。这使我在失败中学到了很多东西。"

本田总结道："企业家必须善于瞄准不可能的目标和拥有失败的自由。"这句话言简意赅地阐明了做大事的人必须拥有的心态，对很多人产生了深远的影响。

本田的成功经历告诉我们，人生没有一帆风顺的，经历一些挫折和失败并不可怕。可怕的是因为害怕而放弃对成功的追求。只有那些把挫折和失败当成动因并能从中学到一些东西的人，才会接近成功。因为心态是决定事业成功的奠基石，未来的路我们谁都无法预料，我们能做的就是放平心态，锁紧目标，攻克形形色色的困难。

在许多时候，成功者与平庸者的区别，不在于才能的高低，而在于有没有勇气。有足够勇气的人可以过关斩将，勇往直前，平庸者则只能畏首畏尾，知难而退。爱默生说："除自

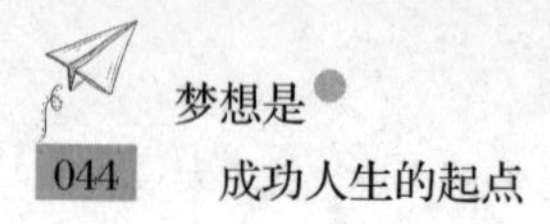

已以外，没有人能哄骗你离开最后的成功。”柯瑞斯也说过：“命运只帮助勇敢的人。”

每个青少年都有一种不服输的精神，那么，无论做什么，都拿出你的勇气吧，“从来就没有什么救世主……幸福全靠我们自己”，这是铁板钉钉的真理。即使身处逆境也不必太在意、也不可太在意。因为你无法改变存在着的铁一样的事实。如果你太在意，不经意就会钻进“牛角尖”，就会弄得得不偿失，衰败而终。那么，办法只有一个：你就只能暂时“无怨无悔”地守着自己的岗位，学缸中豆芽、学石压小草，慢慢发芽和吐绿，用顽强不息的精神与命运抗争。说不定会在哪一天的清晨里，当你疲惫不堪、睡眼朦胧时就会发现，在絮云被狂风卷轴般不见的边际，会现出柔美淡红的一弧弧曲线，那便是云开雾散璀璨阳光到来之际。

勇敢就是在面临危险的时候不惧，就是客观评估风险之后果断行动，就是在困难面前绝不后退，就是在狂风暴雨里始终走在最前面。这是一种积极的态度，是一种敢为天下先的勇气。只有做到无畏，才能在困难面前，做个打不垮的强者。

那么，从这一启示中，青少年们该怎样做到无畏呢？

1.用信念支持行动，朝预期的目标奋进

设定目标是成功的必需步骤。尽管世事在变，小目标也在改变，但不变的是我们的未来规划蓝图以及我们的大目标。无论小目标因为什么元素在变化着，但还是脱离不了为实现大目标而努力的终极。

2.做个理性的勇者

善于思考的人一般在追求成功的过程中总是会少走很多弯路，即使在困难面前，他们也能找出解决的方法，而不是一股脑儿往前冲。也就是说，当理性和勇气结合在一起时，你就完全具备了成功的品质。

失利只是暂时的，前方必定是成功

生活中，我们常说“失败是成功之母”，这句话的含义是，只要我们能把失利当成奋斗的起点，从失利中汲取教训，那么，失利也只能是暂时的，失利之后等待我们的必定是成功。

生活中的青少年，你可曾因遭遇严重挫败而沮丧消沉？或为自己所犯的错误过分自责？你可曾劳而无获？你可曾因疾病或受伤而造成残障？你会否因为希望破灭而心情沉重？会否冒险犯难，结果彻底失败？而以上这些情形，都不应妨碍你达成最后目标。失败正如冒险和胜利一般，是生命中必不可少的一部分。伟大的成功通常都是在无数次的痛苦失败之后得到的。大剧作家兼哲学家萧伯纳曾经写道：“成功是经过许多次的大错之后得到的。”

实际上，在失利面前，我们停下来好好想想、歇歇脚步，正好给了我们反省的机会，这更利于我们看到自己工作的不足。

有个年轻人告诉拿破仑·希尔，当他失业而走投无路时，如何把注意力放在好的一面。他说："我当时在一家信息报道公司工作。待遇虽然不怎么好，但以我的资历，还是可以的。那时经济不景气，公司不得不裁员。因此，对公司可有可无的员工就成为遣散的对象。一天，我忽然接到解雇通知。接下来的几小时，我真是万念俱灰。后来，我渐渐感觉到这是看似不幸，实是万幸的事。我一直不太喜欢这个工作，要是一直留在那里，我的前途就不可能有进展了。所以，解雇对我来说正是找一个真正喜欢的工作的好机会。果然，没过不久我便找到一个更称心的工作，而且待遇也比以前好。我因此发现被辞退这件事，确实是件好事。"

拿破仑·希尔总结，把失败转变为成功，往往只需要一个想法再紧跟一个行动。

生活中的青少年们，在追求成功的路上，不论什么情况，请你们处处往"好"的一面想，这样就能顺利克服失败的打击。如果真能培养出观察入微的眼光，就会看到所有的事物都在往好的一面发展。

成功一定有方法，失败必然有原因。一个人在追求成功的同时，免不了会遭受到许许多多的挫折和失败。曾经努力地去奋斗但结果却失败了，这也许是人生的最大悲剧。除了少数的成功者之外，绝大多数人都遭受过失败或正在失败。对此，除了要对自己选择的目标有强烈的信心、明确的目标、坚韧不拔的毅力外，还必须懂得对失败的原因加以分析、总结，只有这

样，才能避免下次重蹈覆辙。

可能有人说，失败等于是一种浪费。如果继续让失败的情绪积聚在内心之中干扰、腐蚀，那的确是一种浪费。但如若我们能迅速清理掉心里的垃圾，并汲取教训，那失败不就是一种财富吗?

成功来自于在错误中学习，因为只要能从失败中学得经验，便永不会重蹈覆辙。失败不会令你一蹶不振，这就像摔断腿一样，总是会愈合的。

这一启示告诫青少年要懂得总结失败的教训，通常情况下，有以下几个阻止成功的外在障碍:

1.缺乏明确的人生目标

凡是没有明确的人生目标的人，便没有成功的希望。

2.缺乏志向与抱负

凡不愿上进和不愿付出代价的人，便绝对没有成功的希望。

3.缺乏足够的教育

这个缺点的克服十分容易。经验证明，自学的人往往是学习得最好的人，光有一张大学文凭是不够的。光知道知识是不行的，重要的是知识的运用。人之所以能得到报酬，不是因为他们拥有知识，而是因为他们能将知识运用在工作上。

4.缺乏自律

纪律来自自我控制，一个人必须能控制住自己所有的情绪与行为。在你要控制别人之前，一定要先控制住自己。你会发现自我控制是最难的。你如果不能征服自己，就会被自己所征服。当你在镜子里看到自己时，他既是你的最好朋友，也是你最大的敌人。

一朝一夕获得成功是不可能的。每一个奋发向上的人在成功之前都曾经历无数次的失败。我们需要试验、耐心和坚持，不断汲取经验，才能得到成功。而化失败为动力的方法是：

诚恳而客观地审视周遭情势，不要归咎别人，而应反求诸己；分析失败的过程和原因，重拟计划，采取必要措施以求改正；重做尝试之前，想象自己圆满地处理工作或妥善地应付客户的情景；把足以打击自信心的失败记忆一一埋藏起来，它们现在已经变成你未来成功的肥料了；重新出发。

你可能必须再三试行这五种步骤，然后才能如愿达成目标。重要的是每尝试一次，你就能够增加一次收获，并向目标更加进一步。

从失败中奋起，反败为胜

自古至今，大凡成功者，无不具备一项品质，那就是拥有不被打倒的意志力。因为他们认为，跌倒了再站起来，终有一天，会得胜利之果实。的确，每件存在的事物在开始时只不过是一个想法。“不可能”背后隐藏的巨大成功，只青睐那些充满激情、意志坚定的人。失误、失败并不可怕，关键在于如何从失败中奋起，反败为胜。只要你坚持下去，不可能也会变为

可能。

可能你崇尚成功，那么，在努力之前请做好屡败屡战的准备吧。因为你必须认清一个事实，无论你做了多少准备，有一点是不容置疑的：当你进行新的尝试时，你可能犯错误，不管作家、运动员或是企业家，只要不断对自己提出更高的要求，都难免失败。但失败并非罪过，重要的是从中吸取教训。

失败是成功的基础。一个人坐下或躺下不动，当然不用担心被其他东西撞倒。但如果他想做点什么，就必须站起来前进，这就很可能被路上的石子绊倒，或被路旁的荆棘扎伤。其实，这也没有什么关系，因为有了这种挫折的历练，以后再走路时就会振奋起精神。

青少年们，自从你离开家庭的庇护，准备闯出一片自己的天地、做个堂堂正正的男子汉的时候，就意味着你需要接受各种困难的洗礼，就意味着你可能会摔倒，但没关系，继续站起来，掸掸身上的尘土再上场拼一拼，终有一天你会成功的。美国百货大王梅西就是一个很好的例子。

他于1882年生于波士顿，年轻时出过海，后来开了一家小杂货铺卖些针线。铺子很快就倒闭了。一年后，他另开了一家小杂货铺，仍以失败告终。

在淘金热席卷美国时，梅西在加利福尼亚开了个小饭馆，本以为供应淘金客膳食是稳赚不赔的买卖，岂料多数淘金者一无所获，什么也买不起，这样一来，小饭馆又倒了台。

回到马萨诸塞州之后，梅西满怀信心地干起了布匹服装生意，可是这一回他不只是倒闭，简直是破产，赔了个精光。不死心的梅西又跑到新英格兰做布匹服装生意。这一回，他时来运转了，他买卖做得很灵活，甚至把生意做到了大商店。现在位于曼哈顿中心地区的梅西公司已经成为世界上最大的百货商店之一了。

另一个饱尝失败滋味的零售商是詹姆士·卡什·彭尼。

彭尼在密苏里州长大。高中毕业后在一家布匹服装店当了11个月的小伙计，共得薪水25美元。彭尼的身体不好，医生劝他到户外活动活动。于是彭尼辞职前往科罗拉多州，干起了零售商的行当，他把历年所得全投进了一家小肉铺。

肉铺的最大主顾是当地一家旅馆。这旅馆的厨头兼采买是个嗜酒如命的人。有一天他跟年轻的彭尼说，以后只要彭尼每星期白送他一瓶威士忌，他就把整个旅馆的生意包给彭尼做。彭尼不干，认为这是贿赂。于是他们之间的生意从此断绝，彭尼的小店也开不下去了。

不得已，彭尼只好再去当地一家布匹服装店当店员。他以行动和言辞说通了这家商店的两名店主，让他当第三名合伙人，即由他出一笔钱，加上原店的部分资金存货，由他单独去经营一家新店。这个主意就是联营的最初思路。过了几年，彭尼开始了他自家的联营商店生意。他允许雇员享有自己从前曾经享有的机会。

当彭尼的联营商店发展到34家时，彭尼公司诞生了。如今这家公司已拥有2400家分店。此外，它还涉足银行、信贷和电子业。当你似乎已经走到山穷水尽时，离成功也许仅一步之遥了。

梅西和彭尼都是经历了数次的失败后最终走向成功的。的确，成功让人瞩目，但成功的过程却让我们叹为观止，是什么能让他们屡败屡战？是意志力！一个人一旦具备了这种不畏惧任何困难、不放弃的意志力，也就离成功不远了。

纵观历史，广览世界，青少年们，你会得出这样一个结论——成功者无一不是战胜失败后而获得成功的。事实上，人的意志力是强大的，可能我们对于自己能够变成多么坚强毫无概念！大多数的人能够承受超过我们所认为的压力。每一个人的内在都有无限的潜能，但除非你知道它在哪里，并坚持用它，否则毫无价值。世界著名的大提琴演奏家帕柏罗卡沙成名之后，仍然每天练习6小时。有人问他为什么还要这么努力。他的回答是：“我认为我正在进步之中。”

生命中的每个失败，每个打击，都有其意义。困苦能孕育灵魂和精神的力量。所谓杰出的人，就是不断挑战失败，不断攀登命运高峰的人。当你正视失败，并把失败看作成功的基石时，成功就会莅临在你头上。

从这一启示中，青少年们，你们需要谨记：

1.绝不要等待

挫折面前，耐心等待并不是一种美德。因为如果你不采取行动，只是静候佳音，那将是你所能做的所有事情中最糟糕的选择。如果你想解决问题，必须负起责任，不要期待别人拔刀相助。相信你自己解决问题的能力。如果期待别人的帮助，你只会得到失望，更糟糕的是，你可能变得愤世嫉俗而一无所成。

2.摒弃消极思想

你一旦受到周围消极思想的影响，想要再建立起积极的态度几乎是不可能的。在你耳边，经常会响起一些消极词汇："小心""慢慢来""还不错""我早说过了""不可能""事情结束了"……你应学会分辨消极和积极的言辞，避免接触和使用消极的言辞，因为答案总存在于积极正面的一方。

咬咬牙，坚持一定会成功

人生难免崎岖波折，我们时常鼓励自己或朋友"咬咬牙，坚持一定成功"。人的意志力真有如此神奇的效果吗？对此，美国斯坦福大学的心理学家给出了答案。据美国"心理中心网"报道，研究人员发现，在完成一些难度较大，很"费神"的任务时，意志力刚强的人更有耐力和韧劲，完成任务的质量更高。斯坦福大学心理学教授卡罗尔·德维克和瑞士苏黎世大学博士后韦罗妮卡·约伯表示，如果不相信自己的意志力，在遭遇困难时，人们很容易感到疲劳，并产生厌倦情绪。相反，意志力顽强的人则更有自信，认为自己的能量不会耗竭，这种信念会使他们的精力更旺盛，从而带来成功。

生活中的青少年们，你们都知道，刚毅的精神来自顽强的

意志，而这往往也是成功的关键，一个无坚不摧的人是不畏惧任何人生的不幸的，但你是否具备这一品质呢？可能你的答案是否定的。

坚强的意志是一个人成功的根本保证，大凡成功人士，他们都拥有远大的理想和高远的志向，而且他们在自己人生的道路上绝对不会因为困难而退缩，也正是这种刚毅的精神，为他们的生活筑起了避风港，让其勇于面对困难和逆境。

1967年夏天，美国跳水运动员乔妮·埃里克森在一次跳水运动中，身负重伤，全身瘫痪。从此被迫结束了自己的跳水生涯，离开了那条通向跳水冠军领奖台的路。她曾经绝望过，但最后，她拒绝了死神的召唤，开始冷静思索人生意义和生命的价值。

乔妮领悟到：我是残了，但为什么不能在另外一条道路上获得成功？于是，她想到了自己中学时代曾喜欢画画。这位纤弱的姑娘变得坚强，她重新拾起中学时代曾经用过的画笔，用嘴衔着，开始练习了。她常常累得头晕目眩，汗水把双眼弄得辣痛，甚至有时委屈的泪水把画纸都滴湿了。

好些年过去了，乔妮的辛勤劳动没有白费，她的一幅风景油画在一次画展上展出后，得到了美术界的好评。

乔妮又想到要学文学。因为曾有一家刊物向她约稿，要她谈谈自己学绘画的经过和感受，她用了很大力气，可稿子还是没有写成，这件事对她刺激太大了，她深感自己写作水平差，必须一步一个脚印地去学习。

是什么让乔妮·埃里克森做到了在人生快进入绝望的时候重拾信心呢？是什么让她再次找到人生的价值呢？是她的刚毅。一个刚毅的人就好像为自己寻找到一把心灵的保护伞，有了这把保护伞，他就会是无惧的。无论是奋斗还是人生的路上，都并非一帆风顺，有失才有得，有大失才能有大得，没有承受失败考验的心理准备，闯不了多久就会走回头路了。

生活中，有那么一些青少年，他们恰如温室里的花朵一般，未曾经风雨见世面，于是，他们也未曾拥有独立自主的能力，也就没有任何承受折磨的心理准备和经验积累。在不幸面前，他们更容易被摧毁；而相反，一个经历世事、饱经风霜的人则不同，他是在磨难和挫折里长大和成熟的，他已经具备了应付挫折的心理承受能力和驾驭生活的能力，面对人生事业中的大小磨难，他无所畏惧，勇往直前，凭着坚强不屈的意志，战胜挫折，取得事业的成功和人生的幸福。

那么，青少年们可能会产生怀疑：一个人，尤其是一个年轻人，他的阅历肯定是有限的，那该如何具备顽强的意志力呢？实际上，任何精神和品质都是可以培养的。从现在起，把任何人生路上出现的困难都当成你成长的财富吧！唯一蝉联三次世界篮球冠军的天才教练篮柏第有一次说：“任何一位顶天立地、有作为的人，不管怎样，最后他的内心一定会感谢刻苦的工作与训练，他一定会衷心向往训练的机会。”当你继续迈向高峰时，必须记住：每一级阶梯都有供你踩足的时间，然后再踏上更高一层，它不是供你休息之用。我们在途中难免会疲倦与灰心，但就像世界重量级冠军詹姆士·柯比常说的："你要再战一回合才能得胜。碰上困难时，你要再战一回合。"如果你也能有如此心态的话，你也就具备了刚毅的精神了。

意志坚强的人用"世上无难事"的人生观来思考问题，越是遭受悲痛打击，越是表现得坚强。他们能把痛苦化为力量，振作精神，继续奋斗。不屈服挫折和命运的挑战精神，使人成为世人敬仰的强者。

那么，具体来说，青少年们应该如何培养自己这种刚毅的精神从而克服困难呢?

1.与人交往，用积极的心态面对生活中的一切

拿破仑·希尔常说："一个人生病时应当去找医生，没有灵感就应该阅读好书，听有启发的演说，并且结交积极的人。"鲍伯·理查是以前奥运会的金牌得主，也是美国最伟大的演说家之一。他特别强调跟人交往能得到的灵感，他还说奥运会运动员屡屡打破世界纪录是他们是在伟大的气氛之下的缘故。

2.克服懒惰

懒惰是刚强者的宿敌，许多懒惰的人在心理态度方面都有问题。他们吝于在工作或职业上使出全力，觉得如果尽力而未能成功，就会很丢面子。他们的想法是，既然未曾尽力，那么失败了也可以振振有词，不愁找不到借口。他们并不觉得失败，因为他们从未认真地去做过。他们时常耸耸肩膀说："这对我没有什么两样。"而这样的人，是终将一事无成的。

坚定的意志，给双脚添了一双翅膀

人生在世，追求成功的过程就是不断克服困难和失败的过程，在这个过程中，我们只有永远怀有“事情还会有转机”的乐观心态，并做到以顽强的意志力乘风破浪，才能战胜挫折来争取成功。

现代社会，很多青少年都是家中的独生子，从小生长在父母、长辈们的呵护下，而对于困难和挫折，并没有做好迎接的准备，正因为如此，他们在困难面前很容易一蹶不振。实际上，每个青少年心中都有属于自己的理想和目标，但能否实现，就决定于你能否在这条追求成功的路上以积极的心态面对，然后披荆斩棘、乘风破浪。有些人碰到失败就认定自己的能力不足，认为自己注定一生都是一个失败者。这样的观念只会限制你原本未发挥的潜能，成为你成功的绊脚石。什么事情都应该尝试一下，无论如何先做做看，这样，成功的概率就会大得多。

任何一个成功者都告诉我们，处于困难中，意志就是力量。哪里有意志存在，哪里就会有出路。有了坚定的意志，就等于给双脚添了一双翅膀。人的意志如果坚强，的确可以发挥出一种超越自然的力量。不要让挫折和厄运阻挠你，让它们成为绊脚石。成功终会因为你的坚强和努力而降临。

霍英东出身于贫苦家庭。在苦难中长大成人的他，进入社会后的第一份工作是在一艘旧式的渡轮上做加煤的工作，但没

多久就被老板炒鱿鱼了。后来，霍英东在启德机场当苦力，每天能拿到七角半工资及半磅米。他说："为了省钱，每天清晨5时就由湾仔步行至天皇码头，花一角钱坐船过九龙，再骑脚踏车到启德机场。"可是由于体力不足，他在扛货时，一只手指被压断了，于是又被解雇了。此后，霍英东曾应征做铁匠，却因为太瘦弱而没有成功；于是又上船做锅钉的工作，但很快再次被"炒鱿鱼"；接下来，他又到太古糖厂做试糖的工作。

连接不断的失败磨炼了他的意志，培育了他坚强的性格。将近而立之年时，他终于时来运转，在朝鲜战争期间将急需的物资与药物运送过来，短短几年间就发了一大笔财。不久，他又向地产业进军，并参与航运业、娱乐业经营，终于跻身华人超级富豪的行列。

恐怕每个青少年都会对霍英东这样坎坷悲惨、多苦多难的童年感到惊叹，而正是这样一个磨炼的过程，造就了他后来辉煌的人生。那是什么让霍英东渡过了艰难时代的种种困难？是意志！和霍英东一样，任何一个取得成就的人，都是具有超强意志力和控制力的人。他们饱受挫折，但是却越挫越勇，以更加饱满的昂扬斗志向着既定的目标大步前行，所以他们总能到达胜利的彼岸。

著名作家爱伦坡说过："不管碰到什么障碍和困难，你都可以尝试把它进行到底。"的确，不管在怎样的条件下，我们都不应放弃对成功的追求。在顺境中，人们以舒畅的心情谋求成功；在逆境中，人们依然应当坚韧不拔地追求成功。成功既可以在顺境中顺利地实现，也可以在逆境中艰难地获得。

一位著名的击剑运动员在一次比赛中输给了一个与自己水平不分伯仲的对手。第二次相遇，由于上次失利阴影的影响，这名运动员又输掉了，尽管他并非技不如人。第二次比赛后，这名运动员做了充分的准备，特意录制了一盘磁带，反复强调自己是有实力战胜对手的，每次他都要将这盘录音听上几遍，心理障碍消除了，他在第三次比赛中轻松击败了对手。

的确，一个人只有在困难中仍然具备必胜的信念，才能在迎接困难时做到全力以赴，并取得最后的胜利。哀莫大于心死，一个人的精神不能先于他的身躯垮下去。靠一种极强的生活责任心鼓起勇气，不仅需要有探索精神，还要有不屈的意志，以及不达目的誓不罢休的决心。

没有伟大的意志力，就不可能有雄才大略。一个人的意志力往往决定着他的人生，挫折也好，磨难也罢，它们更多的是伤害一个人的肉体，只要你的心灵选择坚强，就要勇敢地去挑战困难。

从这一启示中得知，青少年们，你们需要从以下两个方面来克服眼前的困难：

1.毅力要与行动结合

行动是解决问题的关键，也是克服困难的基础。拿破仑·希尔有一个集顾问、作家、评论家于一身的朋友，他曾经谈到“成为名作家，需要哪些条件”的看法。“有很多爱好写作的人，对于想要写作不太热衷。”他说，“他们都尝试过一段时间，但在发现写作本身牵涉的东西又多又杂以后，就退出了写作的行列。我个人不太同情他们，因为他们都只是在寻找捷径而已，可是现实世界里哪有这种事。”

2.告诉自己“总会有别的办法可以办到”

有许多满怀雄心壮志的人毅力很坚强，但是由于不会进行新的尝试，因而无法成功。请你坚持你的目标吧。不要犹豫不前，但是也不能太生硬，不知变通。如果你确实感到行不通的话，就尝试另一种方式吧。

坚持，不向命运低头

我们每个人都是自己命运的主人，都应该根据自己的愿望去生活。抱着这样的信念，无论我们遇到什么，无论受多大痛苦，心情多么沉重，都要坚持住，绝不向所谓的命运低头。生活中的青少年们，在接受人生的各种挑战前，你也要做好各种心理准备，要紧紧扼住命运的咽喉。

很多时候，很多青少年认为“不能”，是因为你习惯处于优势，生长于优越的环境中，而当你几乎身处绝境的时候，你的潜能也同样能被激发。这么考虑，你的人生就不会有绝境，因为你要突破要挑战。因此，身陷绝境，请不要诅咒。绝境是你错误想法的结束，也是你选择正确做法的开始。人们常说，逆境与不幸能造就一个人，也能毁灭一个人。这句话是有道理的，你不在绝境中发迹，就在绝境中沦落。处在绝望境地的奋斗，最能启发人潜伏着的内在力量；没有这种奋斗，便永远不会发现真正的力量。

美国人克里斯托弗·里夫因在电影《超人》中扮演超人而一举成名。但谁能料到，一场大祸会从天而降呢？

1995年5月27日，里夫在弗吉尼亚一次马术比赛中发生了意外事故，以致头部着地，第一及第二颈椎全部折断。5天后，当里夫醒来时，医生说不能够确保里夫能活着离开手术室。

那段日子里夫万念俱灰，许多次他甚至想轻生。出院后，为了平缓他肉体和精神上的伤痛，家人便推着轮椅上的他外出旅行。有一次，小车正穿行在落基山脉蜿蜒曲折的盘山公路上。里夫静静地望着窗外，发现每当车子行驶到无路的关头，路边都会出现一块交通指示牌:“前方转弯！”或“注意！急转弯”。而拐过每一道弯之后，前方照例又是一片柳暗花明、豁然开朗。山路弯弯、峰回路转，“前方转弯”几个大字一次次地冲击着他的眼球，也渐渐叩醒了他的心扉；原来，不是路已到了尽头，而是该转弯了。他恍然大悟，冲着妻子大喊一声:“我要回去，我还有路要走。”

从此，他以轮椅代步，当起了导演。他首次执导的影片就荣获了金球奖；他还用牙关紧咬着笔，开始了艰难的写作，他的第一部书《依然是我》一问世就进入了畅销书排行榜。与此同时，他创立了一所瘫痪病人教育资源中心，并当选为全身瘫痪协会理事长。他还四处奔走，举办演唱会，为残障人的福利

事业筹募善款，成了一个著名的社会活动家。

最近，美国《时代周刊》报道了里夫的事迹。在这篇文章中，他回顾自己的心路历程时说："以前，我一直以为自己只能做一名演员；没想到今生我还能做导演、当作家，并成了一名慈善大使。原来，不幸降临的时候，并不是路已到了尽头；而是在提醒你：你该转弯了。"

一次偶然的事件，让原本几乎绝望的克里斯托弗·里夫重新选择了一条人生的路。在这条路上，他同样取得了成功甚至是辉煌。在面对身体上的巨大折磨时，和克里斯托弗·里夫一样，可能很多人都会有轻生的念头，但是，请想一下，如果选择了真正的绝望，向所谓的命运妥协了，那么，你就真的彻底失败了；而如果你选择另外一种心态，放手一搏，即使微乎其微的机会，也有可能赢得成功。

生活中的每个青少年，都应当具备始终如一地坚持自己的命运自己做主、顽强能战胜任何逆境的信念。的确，在生命的过程中，不论是爱情、事业、学问等，你勇往直前，到后来竟然发现那是一条绝路，没法走下去了，失落与悲哀的心境必定存在，但你不能放弃自己，妥协等于失败。此时不妨往旁边或回头看看，也许转个弯就能柳暗花明、豁然开朗；即使根本没有路可走了，往天空看吧！虽然身体在绝境中，但是心还可以畅游太空，体会宽广深远的人生境界，再也不会觉得自己是穷途末路。

青少年们，有一天，当你站在成功的舞台上的时候，可能你就会更加感激曾经出现的逆境和困难，而不是你的顺境。当你陷入绝境时，就证明你已经得到了上天的垂爱，将获得一次改变命运的机会。如果你已经走出了绝境，回首再看看，你会发现，自己比想象的要伟大，要坚强，要聪明。

绝境与不幸并不能决定我们的成败，我们的命运掌握在自己手里。不向所谓的命运低头，在绝境中你往往会突破樊篱，超越常规，书写连你自己都不曾想过的神话。

这一启示告诉青少年们，要重新攫取生命中胜利的果实，你们需要做到：

1.改变命运从改变自己的心态开始

无论命运把你抛向多么险恶的境地，你都要毫无畏惧，用你的笑容去对付它！而如果你能选择不把挫折拿来当成放弃努力的借口，那么，或许你可以用一个新的角度，来看待一些一直让你裹足不前的经历。你可以退一步，想开一点，然后你就有机会说："或许那也没什么大不了的！"

2.汲取教训，改善求进

成功有成功的经验，失败必当有失败的教训，这是不变的真理。在排除外在因素的情况下，如果你失败了，正处于人生逆境之中，你需要做的第一步就是暂时停下来，思考自己为什么会失败。大剧作家兼哲学家萧伯纳曾经写道："成功是经过许多次的大错之后得到的。"找到了问题出现的原因，你也可以破茧成蝶、振翅翱翔！

第4章

天才就是这样，终身努力便成天才

俗话说："宝剑锋从磨砺出，梅花香自苦寒来。"成功就像攀登一座高山，只有不断地坚持、勤奋才能登顶，懦弱懒惰的人，只能停留在山脚下。正所谓"天道酬勤"，机会永远留给勤奋的人，懒惰的人只会在失败的路上越走越远。

忍耐是成功之路，忍耐能转败为胜

自古以来，耐心被认为是一个人心理素质优劣、心理健康与否的衡量标准之一，也是人生未来成功的关键因素之一。有句俗话说："心急吃不了热豆腐。"这正说明耐心与成功的关系。而在心理学上，耐心属于意志品质的一个方面，即耐力。它与意志品质的其他方面，如主动性、自制力、心理承受力等有一定的关系。忍耐力也就是意志上的韧性，是把痛苦的感觉或某种情绪长时间地抑制住、不使其表现出来的能力。顽强忍耐的人，跌倒了再爬起来，这样力量也在一次次的跌倒和爬起中不断增长。作为一个年轻人，你们在意志的果断性、忍耐性和顽强性上磨炼自己，是十分必要的。培养自己的耐心不仅对自己学习上有帮助，而且对今后的人生道路也有很大的影响。

钢韧相济、顽强有力，是一个优秀者意志良好的表现。若缺少了其中一个方面的因素，在意志的品格上都不算完整，称不上是具有良好健康的意志素质。在中国的古战场上，曾经发生过这样一个故事：

寒冬腊月的一天，一名守将带领着自己的士兵继续守护着自己的城市，但不幸的是，这座城市很快被围，情况危急。守将决定派一名自己信得过的士兵去河对岸的另一座城市求援。

这名士兵马不停蹄地赶到河边的渡口，但却看不到一条船。平时，渡口总会有几条木船摆渡，但由于兵荒马乱，船夫全都逃难去了。士兵心急如焚。他的头发都快愁白了，因为能否过河，不仅关系到自己的生命，还关系到整个城市百姓的生死。

时间一点点地过去，很快太阳落山了，夜幕降临了。黑暗和寒冷，更是让这名小士兵感到了恐惧与绝望。更糟的是，刮起了北风，到了半夜，又下起了鹅毛大雪。士兵瑟缩成一团，紧紧抱着战马，借战马的体温取暖。他甚至连抱怨自己命苦的力气都没有了，只有一个声音在他心里重复着：活下来！他暗暗祈求：上天啊，求你再让我活一分钟，求你让我再活一分钟！当他气息奄奄的时候，东方渐渐露出了鱼肚白。

士兵牵着马儿走到河边，惊奇地发现，那条阻挡他前进的大河上面已经结了一层冰。他试着在河面上走了几步，发现冰冻得非常结实，完全可以从上面走过去。士兵欣喜若狂，牵着马从河面轻松地走了过去。城市就这样得救了，得救于士兵的忍耐和等待。

这名士兵具备超强的忍耐力。正是这种忍耐力，让他以超强的意志力战胜了寒冷和绝望，拯救了自己，也拯救了人民。的确，作为一名军人，只有扛起责任，把国家、人民的安危放在心上，才能忍得旁人所难以忍受的东西，经受住各种考验，使自己不断地积蓄力量，增强忍耐力和判断力，发挥一个军人的本色。

涉世之初的青少年们，心怀远大抱负，都想轰轰烈烈地干

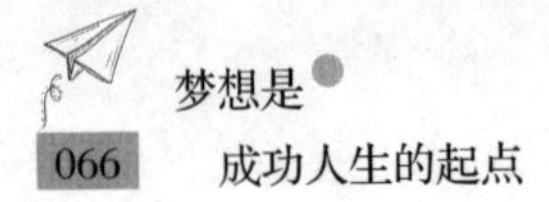

一番事业，然而，纷纭复杂的现实世界并不像他们想象得那么美好。坎坷、荆棘布满生活道路上，你只有具备忍耐力，才能过五关斩六将，取得最后的成功。而同样，一个人追求学术、积聚实力也需要忍耐力的支持。

齐白石是中国近代画坛的一代宗师。齐老先生不仅擅长书画，还对篆刻有极高的造诣，但他也并非天生掌握这门技艺，他也是经过了非常刻苦的磨炼和不懈的努力，才把篆刻艺术练就到出神入化的境界。

年轻时候的齐白石就特别喜爱篆刻，但他总是对自己的篆刻技术不满意。他向一位老篆刻艺人虚心求教，老篆刻家对他说："你去挑一担础石回家，要刻了磨，磨了刻，等到这一担石头都变成了泥浆，那时你的印就刻好了。"

于是，齐白石就按照老篆刻师的要求做了。他挑了一担础石来，一边刻，一边磨，一边拿古代篆刻艺术品来对照琢磨，就这样夜以继日地刻着。刻了磨平，磨平再刻。手上不知起了多少个血泡，日复一日，年复一年，础石越来越少，而地上淤积的泥浆却越来越厚。最后，一担础石终于统统都被"化石为泥"了。

这坚硬的础石不仅磨砺了齐白石的意志，而且使他的篆刻技艺也在磨炼中不断长进，他刻的印雄健、洗练，独树一帜，达到了炉火纯青的境界。

一位自考毕业的青年去应聘一家外贸公司经理秘书。但是，公司却给他安排了一个行政部文员的职位。青年想了一

下，觉得只要自己耐心做好文员的工作，一样很好。于是，就答应了。青年的工作是负责接待客人和复印、打印等琐事。同事们总是把一些需要复印和打印的文件一股脑儿堆在青年的桌子上，然后告诉他哪些需要复印、哪些需要打印、每种各需要多少份。青年总是耐心地记录着各种要求，然后仔细地做。

有好几次，青年的认真检查避免了公司的损失。因此，青年真地被提拔为经理秘书。

他是这样对人说的："工作虽然简单，但是只要有超凡的耐心和细心，就会取得成功。"生活中的青年们，倘若你也能如此，具备这样的忍耐力，你也能在平淡中积聚实力，最终实现自己人生的腾飞。

能忍耐的人，能够得到他所要的东西。忍耐是成功之路，忍耐能转败为胜。对所有的人来说，希望和耐心是两剂有特效的良药，也是人在患难中最可靠的依托和最柔软的依靠。确信无法突破的时候，首先要选择的是等待。

从这一启示中，青少年们，你们需要从现在起培养自己的忍耐力。对此，你们可以这样做:

你要具有热切愿望支撑的明确目标，这样，你才能持久地保持；你要制订明确的计划，要按部就班地去执行；对于那些打击你意志力的意见，要统统拒绝；你要经常和那些能够赋予你信心和勇气的人交往。

当然，自制力是一种很微妙的心理活动，要做到自制，不是很容易的事，要循序渐进，切不可急躁，每天给自己制订一个自制力强于昨天的目标，这样，才会在不知不觉中提高，只要达到就是成功。

珍惜时间，想办法提高做事的效率

生活中，总是有人抱怨命运不公、生活不公等，总是说“如果……我就能……”，而实际上，这个世界上没有那么多的“如果”，你需要做的就是把握现在，珍惜时间，努力充实自己，因为最公平的就是时间，抱怨只能带来时间的浪费。生活中的青少年更应该懂得这个道理，年轻就应该奋斗，争夺一分一秒的时间，合理地安排时间，最大限度地提高时间利用率。

对军人来说，时间就是生命，错过1分钟就可能造成整个战役的失败。

拿破仑因晚了1分钟而兵败滑铁卢的故事大家应该都很熟悉。拿破仑十分珍惜时间，他知道，每场战役都有“关键时刻”，能否把握住这一时刻决定战争的胜败，稍有犹豫就会导致灾难性的结局。拿破仑说，奥地利军队之所以不敌法国军队，是因为奥地利军人不懂得1分钟的价值。同样，历史毫不留情地在拿破仑身上重演。在那个生死存亡的上午，他自己和格鲁希就因为晚了1分钟而被敌人打败，布吕歇尔按时到达，

而格鲁希晚了一点，就因为这短短的 1 分钟，拿破仑被送到了圣赫勒拿岛上，成了阶下囚。

一个出操常常迟到、开会常常延期的军人，根本无法在军队中立足。这样的学员即使是一个很诚实的人，迟到和延期都出于其他的原因，但无论怎样的原因，都无法弥补不准时给他带来的负面影响。开会准时的学员，无形中也会增加他自己的时间，延长自己的生命。

同样，生活中的青少年，你应该回想一下，曾经的你是不是宁愿把时间花在嬉戏玩要上，而却忽略了学习；你是不是曾经慨叹时间不够，却不曾好好珍惜时间去规划一件事？如果你已经意识到了自己正在浪费时间，那么，就请树立合理利用时间的意识吧，争取能在最短的时间发挥最大的效率。

珍惜时间，就要想办法提高做事的效率。培根说得好：“时间和做事的关系，就像金钱和货物的关系一样；一件事做得太慢，费时太多，就像是为一件物品支付了过高的价格。”因此，我们应经常动脑思考，寻找可以改进的地方。我们的效率通常总是可以提高的。

苏联昆虫学家柳比歇夫的时间统计方法值得我们去学习。柳比歇夫的成就，要归功于他那枯燥乏味的日记本——“时间统计册”。

柳比歇夫每天都要核算自己花费的时间，56年如一日，从未少过一天。他每天记下各种事情的起讫时间，经过准确的时间统计，柳比歇夫把一昼夜中的有效时间即纯时间算成10

小时，分成3个“单位”，或6个“半单位”，分别从事两类工作。第一类是创造性的科研工作，如写书、研究等；第二类是不属于直接科研工作的其他活动，如作学术报告、讲课等。除了最富于创造性的第一类工作不限死时间以外，所有计算过的工作量，都竭力按时完成。

的确，可能你会觉得柳比歇夫的时间统计方法很枯燥，执行起来也很费力，但却不失为一个逐渐提高工作、学习效率的好办法。如果你也能学习柳比歇夫的时间统计方法，你会终身受益。

诺贝尔奖获得者雷曼的体会更加深刻，他说：“每天不浪费剩余的那一点时间。即使只有五六分钟，如果利用起来，也一样可以产生很大的价值。”把时间积零为整，精心使用，这正是古今中外很多科学家取得辉煌成就的妙招之一，值得我们借鉴。

人生的成功，就是一场与时间赛跑而不断获得成功的过程。为此，你就必须时刻保持百倍的警惕，不要让时间偷走了你的生命。要控制好时间，以一种精打细算、有效率的方式利用你所拥有的时间。

从这一启示中，你需要确立明确的目标，用积极的态度去努力，不等待，不彷徨，抓紧每一天的分分秒秒，你就会每天都有收获，每天都在前进。为此，你需要做到：

1.能够事前制订计划，合理组织行动；2.实行时间表，优先做重要的和基本的事，估计每一步所需的时间；3.将重大事情分为若干小部分，这样你就会有成就感；4.把一段时间内的精力集中在一点上，如做作业时不吃零食、不说话；5.万事马上就做，彻底完成；做半件事的人，往往会感到力不从心，虽然你最不喜欢这样做，却能够使你得到满足和动力；6.保证充足的睡眠；7.生活的快乐源自心灵的希望，不变的自信终将迎来成功的辉煌。

追求卓越，没有人能完全松懈

有人说，人生如梦，在须臾之间就已老去。可见，如果我们在人生的路上少走弯路，早一点迈开成功的步伐，在人生的道路上就会走得更平稳、顺利，也就能早日拥有幸福。生活中的青少年们，虽然你现在年纪轻轻，但唯有从现在起脚踏实地为成功奋斗，树立奋斗的信念并付诸实施，才不至于老之将至时悔之已晚。因为幸福、成功，都不会是天下掉馅饼，这是自古不变的道理。任何一个人，即使再天资聪颖，不付出努力，就不能有所作为。才以学为本，学而为智者，不学而为愚者。想练就非凡的技艺，就要多训练、多吃苦、多研究。追求卓越，没人能完全松懈，要像上紧发条的时钟一样。日日行，不怕千万里；常常做，不怕千万事。

60年前，加拿大一位叫让·克雷蒂安的少年，说话口吃，曾因疾病导致左脸局部麻痹，嘴角畸形，讲话时嘴巴总是向一边歪，而且还有一只耳朵失聪。听一位医学专家说，嘴里含着小石子讲话可以矫正口吃，克雷蒂安就整日在嘴里含着一块小石子练习讲话，以致嘴巴和舌头都被石子磨烂了。

母亲看后心疼得直流眼泪，她抱着儿子说："孩子，不要练了，妈妈会一辈子陪着你。"克雷蒂安一边替妈妈擦着眼泪，一边坚强地说："妈妈，听说每一只漂亮的蝴蝶，都是自己冲破束缚它的茧之后才变成的。我一定要讲好话，做一只漂亮的蝴蝶。"

功夫不负有心人。终于，克雷蒂安能够流利地讲话了。他勤奋且善良，中学毕业时不仅取得了优异的成绩，而且还获得了极好的人缘。

1993年10月，克雷蒂安参加加拿大总理大选时，他的对手大力攻击、嘲笑他的脸部缺陷。对手曾极不道德地说："你们要这样的人来当总理吗？"然而，对手的这种恶意攻击却招致大部分选民的愤怒和谴责。当人们知道克雷蒂安的成长经历后，都给予他极大的同情和尊敬。在竞选演说中，克雷蒂安诚恳地对选民说："我要带领国家和人民成为一只美丽的蝴蝶。"结果，他以极大的优势当选为加拿大总理，并在1997年成功地获得连任，被国人亲切地称为"蝴蝶总理"。

一个口吃少年变成人人敬仰的"蝴蝶总理"，他真的如蝴蝶一样，实现了自己人生的蜕变。在他的成功之路上，真正的动力就是辛勤和努力。虽然他刚开始有缺陷，但也正是缺陷的存在，才使得他认识到幸福与尽早努力的关系。

可能有些青少年会有疑问：我现在努力会不会已经晚了？当然不是，你要做的就是收拾自己的心情，然后梳理好自己的思绪，从现在开始，为成功奋斗，“不叫一日闲过”！

著名画家齐白石年逾九十，每天仍作画5幅。他说：“不叫一日闲过。”他把这句话写出来，挂在墙上以自勉。一次，他过生日。由于他是一代宗师，学生、朋友很多，从早到晚，客人络绎不绝。白石老人笑吟吟地送往迎来，等到送走最后一批客人，已是深夜了。年老的人，精力是差了，他便睡了。第二天他一早爬起来，顾不上吃早饭就走进画室，摊纸挥毫，一张又一张地画着。家里人劝他：“你吃饭呀。”“别急。”画完5张后，才用饭，饭后他继续作画。家里人怕他累坏了，说：“您不是已画了5张吗？怎么还要画呢？”“昨日生日，客人多，没作画。”齐白石解释，“今天多画几张，以补昨日的‘闲过’呀。”说完，他又认真地画起来了。

齐白石已为画坛成功者，年迈之时仍不忘勤奋，这不正是告诉我们：奋斗不分年龄，只要你把握现在吗？

从现在起，青少年需要重新审视自己，不管你的才干如何，尽早努力都会给你带来幸福：如果你有伟大的才干，勤勉将会增进它；如果你只有平凡的才能，勤勉也可以补足它。“业精于勤荒于嬉”，也许你听说过有些聪明人很懒惰，但你却不会听说伟人很懒惰。所以你要时刻提醒自己：“成事在勤，谋事忌惰。”

世界上没有一件有价值的东西，可以不通过辛勤劳动而获得。不吝惜自己汗水的人，也必将会有丰厚的收获。一个成功者的成功之处就在于他总是比别人多付出一些，比别人多向前迈进一步。

从这一启示中，青少年需要明确以下几点：

1.习惯是最好的老师

如果勤奋已经成为一种习惯，那么，它就能变成一种理所当然的事。就像习惯睡懒觉的人认为早起是痛苦的，但习惯于早起的人却把早起当作一件平常的事，因为早起对于他们来说已经是一种习惯。

2.要有坚定的决心和持之以恒的毅力

这是老生常谈的话题，但依然重要。那么，如何做到中途不放弃？你要有良好的心态，乐观的精神和自信心。很多人选择目标后又中途放弃，就是因为觉得坚持这么久，没有成果，觉得自己学的没有用。其实，条条大路通罗马，既然选择了自己的路，就要毫不犹豫地走下去，一直在原地徘徊，犹豫不决，不知是否该前进，只能让时间白白流走而已。

3.要找到适合自己的勤奋之道，也就是方法

你可以根据自己的性格特征找到一条自己的路。例如，在看书上，每人每天都有自己兴奋点比较高的一段时间，你在这段时间可以看一些自己并不是很感兴趣的书籍，而在心情比较低落的时候看一些自己喜欢的书，调节一下。

做小事情，踏踏实实做下去

每个人都经历过学生时代，我们深知，学习从来就不是一件一蹴而就的事，学习是点滴的积累，我们每多读一本书，在不经意间，就已增长了你的阅历、经验。量积累到一定程度必然将引起质变。很多成功者都是在不断地学习中厚积薄发的。生活中的青少年们，长辈们始终教育你们要踏踏实实学习，端正学习态度，才会实现以后的腾飞。要知道，随着社会竞争的加剧，只有通过学习获得更多的筹码，我们才能在竞争中占据有利的位置。

每个青少年都应懂得努力抓住生活中一点一滴的机会学习的重要性，从现在开始好好珍惜青春的大好年华，努力学习，让你的人生在学习中升值，让生命在勤劳中闪光。

当我们观察成功人士的环境时，会发现他们的背景各不相同。那些大公司的经理、著名的传教士、政府高级官员以及各行业的知名人士都可能来自贫寒、破碎家庭、偏僻的乡村甚至于贫民窟。这些人现在是社会上的领军人物，但他们的成功无不是从小事做起，不断学习继而不断强大的。

全世界最早的现代成功学大师和励志书籍作家、曾经影响美国两任总统及千百万读者的成功学大师拿破仑·希尔深知成功就是一连串的奋斗。对此，他特意讲了一个故事：

“我最要好的朋友是个非常有名的管理顾问。一走进他的办公室，马上就会觉得自己‘高高在上’似的。办公室内各种豪华的摆设、考究的地毯、忙进忙出的人潮以及知名的顾客名单都在告诉你，他的公司的确成就非凡。但是，就在这家鼎鼎有名的公司背后，藏着无数的辛酸血泪。他创业之初的头六个月就把十年的积蓄用得一干二净，一连几个月都以办公室为家，因为他付不起房租。他也婉拒过无数的好工作，因为他坚持实现自己的理想。他也被顾客拒绝过上百次，拒绝他的和欢迎他的客户几乎一样多。在整整七年的艰苦挣扎中，我没有听他说过一句怨言，他反而说：‘我还在学习啊。这是一种无形的，捉摸不定的生意，竞争很激烈，实在不好做。但不管怎样，我还是要继续学下去。’他真的做到了，而且做得轰轰烈烈。我有一次问他：‘把你折磨得疲惫不堪了吧？’他却说：‘没有啊！我并不觉得那很辛苦，反而觉得是受用无穷的经验。’看看‘美国名人榜’的生平就知道，这些功业彪炳千秋的伟人都受过一连串的无情打击。只是因为他们都坚持到底，才终于获得辉煌成果。”

拿破仑·希尔正是希望通过这个故事，告诉生活中的人们，天下哪有不劳而获的事？成功需要一连串的奋斗，不管遇到什么样的困难，不忘时刻积累经验、总结教训，做到不断学习的话，那么，即使失败，你也会更上一层楼，你就一定可以实现自己的理想。

如果你想获得成功，就应该从今天起，从这一刻开始，摒弃对小事无所谓的态度。因为每个人所做的工作，都是由一件件小事构成的，对小事敷衍应付或轻视懈怠，将影响你最终的

工作成绩。想要成就一番事业，必须从简单的事情做起，从细微之处着手，在工作中学习，不断提高自己。成功者的共同特点，就是能做小事情，能够抓住生活中的一些细节，踏踏实实地做下去。

伟大的文学家鲁迅成功的一条重要经验就是珍惜时间。鲁迅的整个一生都是在拼时间。他说："时间，就像海绵里的水，只要你挤，总是有的。"事物的发展变化，总是由量变到质变的。如果想成就一番事业，一定要学会用零碎的时间学习整块的东西，做到点滴积累，系统提高。

这一启示告诉青少年们，只有不断积累，才能换来成功，对此，你需要做到：

1.学习需要专注

攀登峭壁的人从不左顾右盼，更不会向脚下的万丈深渊看上一眼，他们只是聚精会神地观察着眼前向上延伸的石壁，寻找下一个最牢固的支撑点，摸索通向巅峰的最佳路线。同一办法对你也能有所帮助。每逢做事情时，不要把注意力放在你面前的整个任务上，最好先拟定第一个步骤——它必须是你确信自己能完成的，尔后再拟定第二个，第三个，如此各个击破，最终实现自己的目标。

2.善于总结

无论学习的效果怎样，只有做到及时总结，才会及时反省，尤其是对于错误和失败。要知道，成功出自错误，因为只有能从失败中学得经验，才永不会重蹈覆辙。

努力攀登，学习永无止境

生命在进取中生息不止，事业在进取中蒸蒸日上，人类在进取中超越自我，创造卓越，没有进取，恐怕社会无法前进，“生命不息，奋斗不止”，不应只是成功者的做事原则，也应该成为众多普通人的共识。

而现今社会，知识经济时代的到来，各种技术日新月异，已经对生活在这个时代的人提出了新的学习要求，如果你没有不断学习的意识，不通过学习了解掌握新技术，那么你跟不上时代的发展是必然的。生活中的每一个青少年，都是新时代的主人，可能现在的你已经小有成就，但你不能就此停滞不前，激烈的竞争要求你需要不断进步，而求知与不满足是进步的第一必需品。生命有限，维系成功的唯一法门在于终生学习，在新的方向不断探寻、适应以及成长，这样，你将步入新的高度。

生活中的青少年们，你们要明白，任何人，只有不断为自己充电，才能更新已经获得的知识，跟上时代的步伐；也只有努力攀登顶峰的人，才能把顶峰踩在脚下。

成熟稳健又广受欢迎的ABC晚间新闻的主播彼得·詹宁斯，在当了 3 年主播之后，就做了一个很大胆的决定——他辞去了人人艳羡的主播职位，决定到新闻第一线去锻炼记者的工作技能。经过几年的历练之后，他才又回到ABC主播台的位置。

当今时代是知识经济的年代，经济发展瞬息万变，科技进步一日千里，知识更新日新月异，各种竞争日益激烈。新知识、新事物、新经验层出不穷。作为新时代的宠儿，青少年们，要想适应社会发展，与时俱进，只有不断学习、不断进步才能实现。

汉代刘向《说苑·建本》中，晋平公向师旷问道：“我年龄七十，想要学习，恐怕已经晚了。”

“怎么不点燃蜡烛呢？”师旷回答说：

“哪有做臣子的戏弄他的君王的呢？”晋平公说。

“盲臣怎么敢戏弄自己的君王呢？我听说这样的事，少年时喜欢学习，如同早晨的阳光；壮年时喜欢学习，如同中午的阳光；老年时喜欢学习，如同点燃蜡烛的光亮。点燃蜡烛之明和昏昧地行动相比较怎么样呢？”师旷说。

“说得好啊！”晋平公说。

的确，可能有些青少年会认为，从现在开始勤奋学习，会不会为时已晚？当然不是，要知道，学习不分早晚，人的一生都是宝贵的，都是学习知识、受教育的时间。只要从现在开始努力，你一样可以做到不断进步。

“吾生也有涯，而知也无涯”，当今时代，知识更新的速度大大加快，实践无止境，学习也无止境。

这一启示告诉青少年们，既然年少，就难免有些轻狂，但这不能成为我们懒惰和不进取的理由。时间要靠自己把握和积累，只有不断更新自己的知识结构，才可能不断提升自己。

为此，你可以做到：

1.把学习深入贯彻到生活中

一个青年问苏格拉底："怎样才能获得知识？"

苏格拉底将这个青年带到海里，海水淹没了年轻人，他奋力挣扎才将头探出水面。苏格拉底问："你在水里最大的愿望是什么？"

"空气，当然是呼吸新鲜空气！"

"对！学习就得使上这股子劲儿。"

成功，取决于人的能力；而能力，则取决于人的学习——归根到底，成功取决于学习。不断地学习知识，正是成功的奥秘！但学习来不得半点虚假，只有把学习融入到生活中，引起足够的重视，才能有所成效。

2.勇于克服困难

最能表现一个人进取心的是勇于克服困难，战胜困难的精神。也就是说，要想进取，就要扫除追求成功路上的各种障碍，畏惧困难，退缩不前，是无法做到进取的。

第5章

若离不开海岸，就不可能发现新大陆

人生就是一场奇妙的冒险，每个人都像探索者一样，每天都有新的发现和新的收获。然而，在现实生活中，有多少人喜欢待在安全区，或者从一个安全区走向另一个安全区。去冒险吧，因为你没有什么可损失的，就算不成功，至少你尝试过了。

无论你失去什么，都不能失去勇气

在开放的全球化世界中，随机性和偶然性越来越大，时事往往变幻莫测，难以捉摸。在如此不确定的环境里，勇气就成了最宝贵的资源。人这一生最可悲的不是没有能力，而是没有勇气。当机遇一次次擦肩而过时，如果没有勇气去抓住，那么其他方面再怎么强也没有用。相反有了充足的勇气，哪怕自己的条件比不上别人，成功的机会也比别人更多。生活中的青少年，无论你失去什么，都不能失去勇气。无论是爱情事业还是其他的人际关系，勇气都是你走进目的地的钥匙。例如，当暗恋上了一个人却没有勇气开口，那只会给自己带来更大的痛苦。抓住时机去表白，或许那个人真的会成为你的爱人。在事业上同样如此，工作中没有万无一失的成功之路，在追求的道路上，总会有那些不可预料的险滩沼泽，无处不在的风险随时都会出现在每个人的面前。如果胆小怕事，就不可能获得成功。风险中肯定有困难，但困难中蕴藏着巨大机会的种子。

青少年们，一马平川的发展可能会比较顺利，但绝不会有所作为，只有勇气才能让你们在机遇面前敢于尝试，敢于冒险，才能得到别人所得不到的。

比尔·盖茨说：“所谓机会，就是去尝试新的、没做过的

事。可惜在微软神话下，许多人做的，仅仅是去重复微软的一切。这些不敢创新、不敢冒险的人，要不了多久就会丧失竞争力，又哪来成功的机会呢？”

微软只青睐具有冒险精神的员工。他们宁愿冒失败的危险选用曾经失败过的员工，也不愿意录用一个处处谨慎却毫无建树的员工。在微软，大家的共识是：最好是去尝试机会，即使失败，也比不尝试任何机会好得多。

曾经有过这样一个招聘故事：

一天，某公司总经理向全体员工宣布了一条纪律：“谁也不要走进8楼那个没挂门牌的房间。”但是，他没有解释为什么。此后真的没人违反他的这条“禁令”。

三个月后，公司又招聘了一批员工。在全体员工大会上，总经理再次将上述“禁令”予以重申。这时，只听一个新来的年轻人在下面小声嘀咕了一句：“为什么？”总经理听到后并没有因这位新人的不礼貌而恼怒，只是满脸严肃地答道：“没有为什么！”回到岗位上，那个年轻人百思不得其解，还在思考着总经理为什么要这样做。其他同事则劝他只管干好自己的那份差事，别的不用瞎操心，因为“听总经理的，总是没错”。可那个年轻人偏偏来了犟脾气，非要把事情弄个水落石出不可。于是他决定冒公司之大不韪，走进那个房间探个究竟。

这天，他爬上8楼，轻轻地叩了叩那扇门，没有反应。年轻人不甘心，进而轻轻一推，虚掩着的门开了（原来门并没有上锁）。房间里没有任何摆设，只有一张桌子。年轻人来到桌旁，看到桌子上放着一个纸牌，上面用毛笔写着几个醒目的大字——“请把此牌送给总经理”。

年轻人拿起那个已落满灰尘的纸牌，走出房间似有所悟，乘电梯直奔15楼总经理办公室。当他自信地把纸牌交到总经理手中时，仿佛期待已久的总经理一脸笑意地宣布了一项让年轻人感到震惊的任命：“从现在起，你被任命为销售部经理助理。”

在后来的日子里，那个年轻人果然不负厚望，不断开拓进取，把销售部的工作搞得红红火火，并很快被提升为销售部经理。事后许久，总经理才向众人做了解释：“这位年轻人不为条条框框所束缚，敢于对上司的话问个‘为什么’，并勇于冒着风险走进那些‘禁区’，这正是一个富有开拓精神的成功者应具备的良好素质。”其实，很多成功的门都是虚掩着的，只有勇敢地去叩开它，大胆地走进去，才能探寻出个究竟来。或许，那时呈现在你眼前的真的就是一片崭新的天地。毕竟，勇气是成功的前提。敢于突破禁区者，必有意想不到的收获。

在许多时候，成功者与平庸者的区别，不在于才能的高低，而在于有没有勇气。有足够勇气的人可以过关斩将，勇往直前，平庸者则只能畏首畏尾，知难而退。

每个青少年都将面临未来社会激烈的竞争，无论是职场还是商场上，同样需要勇气，并且有时需要很大的勇气。它虽然没有硝烟，但有时候使人面临的恐惧足以摧垮人的意志。但你要想有所发展，实现更大价值，无论什么时候，只要有可能，就要主动接受困难的任务，多承担些责任，不害怕失败，就会成为一个勇士！

世界从来都给无畏的人让路

生活中，我们经常听到这样一句话："世界从来都给无畏的人让路。"任何困难在毫无畏惧的人面前都将失色，他们总是能乘风破浪，不给畏惧任何侵袭自己的机会。"勇敢"是一个想获得成功的青少年必不可少的品质。要取得成就有很多必要条件，其中的一条非常重要，那就是：勇气。青少年们，要记住：若失去了财产，只失去了一丁点儿；若失去了荣誉，就丢掉了很多；若失掉了勇敢，就把一切都失掉了。勇敢的人到处有路可走，并会越走越宽。

松下先生在大阪电灯公司工作约七年，离职以后，开始独立做生意。

当然，离开工作七年之久的大阪电灯公司，松下的内心并非毫无依恋之情，自立之后依然如此。

但是松下认为，假如不图自立，那么，这一生很可能就这样庸庸碌碌地工作下去了。他一想到这里，谋求自立的勇气就更加坚定。

抱着这样的想法，松下对于自立所产生的不安就平淡多了，同时也不再那么迷惘，因此最后下定了自立的决心。松下虽然也遭遇到很多困难，但总算能够把事业继续下去，而有幸不必重回大阪电灯公司工作。后来公司日趋壮大，但他的想法并无丝毫改变。有人这样问过松下："松下先生，如果你的事业失败的话，你打算怎么办？"

松下毫不考虑地回答："真到了那个时候我就去卖面包。我一定要做出比别人更好吃的面包，让客人大饱口福。"

也就是说，他一直抱着失败了重新再来的态度。他认为人生没有永远的失败，一时的失败不足为惧。一个人如果能够怀着这种态度和心境的话，那么，不安和疑虑就会减至最低限度，而拿出勇气继续奋斗下去。

青少年，也许你一直认为自己只是一个普通的人，承受不了失败，也经受不起摔打，这种想法是荒谬的。缺乏探索、进取的心态会削弱你的意志，产生不健康的心理影响。因为一旦失去勇气，人的精神就会彻底瓦解。畏惧只会让你因循守旧，而这正是你一直碌碌无为的原因。

无畏是灵魂的一种杰出力量，正是靠这种力量，英雄们在那些最突然和最可怕的事件中，才能以一种平静的态度把持自己，并继续自由地运用他们的理性。一个人只有控制了怯懦，才会在生活中始终乐观而健康。

这一启示告诉青少年，必须克服畏惧，让勇气充满内心，然后放手一搏，你终将会成功。但青少年由于初涉世事，尚未经历成功与失败的淬炼，的确容易畏惧，那么，你该怎样克服

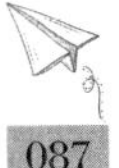

这种畏惧、培养勇气呢？

1.积极的心理暗示

“让我再试一试”是成功者的必由之路。要试出好的结果，就要装出非常勇敢，无所畏惧的样子，而且全身心地表现。西奥多·罗斯福，原先也有胆怯自卑的缺点。他在自述中写道：“有一次，我读到一本书，其中有一段告诉主人公怎样克服恐惧：‘人们可以装作不害怕的样子，时间一长，假的就不知不觉变成真的了。’我相信了这种说法。那时我害怕的东西多得很，后来我让自己装出不怕的样子，慢慢地果然就不怕了。我想，人们只要愿意，可能都会有这样的经验的。”詹姆士对此也有同感，他说：“这样，英雄气概就会取代懦夫之怯了。”

2.自发学习，提高预见力

通过提高对事物的认知能力，扩大认知视野，提高预见力，对可能发生的各种变故做好充分的思想准备，就会增强心理承受能力。对此，你需要培养乐观的人生情趣和坚强的意志，通过学习英雄人物的事迹，用英雄人物勇敢顽强的精神激励自己的勇气。在平时的训练和生活中有意识地在艰苦的环境下磨炼自己，培养勇敢顽强的作风。这样，即使真正陷入危险情境，也不会一下就变得惊慌失措，而是沉着冷静，机智应付。

3.积极参加心理训练，提高各项心理素质

进行模拟危险情境训练，设置各种可能遇到的情况，进行有针对性的心理训练，形成对危险情境的预期心理准备状态，就能够有效地战胜紧张和不安等不良情绪，提高心理适应性和平衡性，增强信心和勇气，以无畏的精神克服恐惧心理。

冒险之前，先积累自己的实力

生活中，我们每个人都有自己的能力极限，我们并不是万事皆能的全才，这也就要求我们做事要量体裁衣，自己感到难以做到的事，要勇敢地鼓起勇气，承认自己的不足，不能逞匹夫之勇，让事情没有挽回的余地而最终失败。在这个处处充满风险的社会，只有用头脑和实力来指导自己作决策的人，才能在社会竞争中占有自己的一席之地。每个青少年都瞻仰那些成功的勇者，但同时也为那些因为有勇无谋而失败的人感到惋惜，那么，从现在起，在冒险之前，先积累自己的实力吧，毕竟，冒险不能傻“冒”。

生活中经历过数次失败的青少年，你是否反省过：你的创业经过详细规划了吗？你考虑到风险性的大小了吗？你在这行业的经验足够让你应付困难吗？如果你的答案是否定的，那么，你应该重新审视自己失败的原因。任何职业都不会一帆风顺，都有艰险，但任何职业都没有军事管理者所要面临的困难艰险多。军事斗争需要打打杀杀，实际比任何职业的心理负荷都大，付出的心理能量都多。如果你能做到十年如一日的积累

实力、锻炼自己，那么，你也必将具备充足的实力去探险！

现实生活中，那些白手起家直到成功的人除了敢闯外，他们成功的最主要因素就是他们有能力闯。南京欧威机械制造有限公司董事长陈长明以3000元起家，后来拥有6000万元资产，就说明了这个道理。

高中毕业后，陈长明来到乡农机站当起了工人。1986年，陈长明借了3000元开始创业。1993年前后，他发现当地的造船业发展很快，于是就转向船舶设备的生产。由于技术好，他的产品很快就有了知名度。然而好景不长，机械制造行业进入了低谷。在困难时期，陈长明研究市场，寻找发展机会。1999年，陈长明开始接触并生产绑扎件。陈长明坚持质量第一，着力打造精品。他的产品引起了一家合资企业的兴趣。虽然他的工厂规模小，设备简陋，但凭借自己的真诚，与那家合资企业建立起了合作关系。随后，陈长明的企业开始了快速发展。

从陈长明的创业故事中，我们发现，他的成功有两点原因：第一，他敢于冒险，陈长明为了筹措创业资金借了款。这是很多人所不敢的。这一点告诉渴望创业的青少年，如果你对创业的渴望强烈到无以复加的程度，你就会不惜一切代价为创业创造条件；无论创业需要什么条件，你都能创造出来。如果你只有一种创业念头，却没有渴望，那么任何一个困难都可能打消这种念头。第二，他具备实力，练就了超一流的技术。有了高超的技术，他对成功的信心就会强烈；潜心研究市场，使他发现了机会，一个有着高超技术的人发现了机会，创业的冲动就会更加强烈。

一个人既要具备实力，又要有决断的魄力和胆识，才能敢于闯新路、勇于攀高峰。许多商场上的行家里手，政坛上的风云人物都有胆有识，且具有决断魄力，在关键时刻，为得虎子，敢入虎穴。

这一启示告诉青少年们，要想跻身成功者的行列，除了具备冒险意识外，还得具备实力。你们需要做到以下两点：

1.敢于突破自我和固有模式

人们的冒险意识通常都是在日复一日、一成不变的活动中逐渐被磨灭的。但年轻时代，就应该敢闯敢做，初生牛犊不怕虎，即使碰壁，也不能面壁。

2.蓄势待发，在冒险之前做好积累工作

的确，在你为腾飞积累实力的时候，你可能受到某些情绪的干扰，此时，你需要学会自制。你要知道，每个人都兼具理性与感性，对任何事都要用理智作衡量，大部分的行为要以理性为出发点。跟着感觉走，想做什么就做什么是人类向低等动物的退化，而用理性指导感情，该做什么就做什么，才能避害趋利，干出一番事业来。

具备实力，才能将事情做得尽善尽美

在日本，有种武士道精神，或许人们对此有着各式各样的解释，但是它教给我们最重要的一课是——立身处地中升潜进退的真义。当我们不必须去做一件事时，就绝不去做它，然而，当我们必须去做一件事时，必得以壮士断腕的精神，坚决地去做。这就是所谓的武士道精神。这一精神是每个青少年需要学习的。要做好一件事，最重要的就是实力。具备实力，才能把事情做得尽善尽美，否则，即使你再有勇气，再努力，似乎都是徒劳。举个很简单的例子，与海、与河、与大自然搏斗的渔夫，他们如果没有丰富的经验，也容易在波涛之中失事，遭到海藻的缠绕、旋涡的吞噬等海难事故。遇此事故，普通人必然挣扎努力一番。而有经验的渔夫则知道，只要稍稍停止不动，不那么惊慌失措与恐惧，慢慢地就可以浮出水面了。

可见，只有实力达到一定程度，才能形成经验，关键时刻帮助我们渡过难关。每个成功的人的成就都不是一蹴而就的，他们十年如一日的学习和训练，正是他们日后蓄势待发并取得成功的保证。

生活中，有一些青少年总是抱怨机会不光临自己，然而当升迁机会来临时，再感叹自己平时没有积蓄足够的学识与能力，以致不能胜任，也只好错失良机。也有一些青少年，在人生的某一个阶段取得了骄人的成绩就骄傲自满，认为自己已经成功了。而实际上，这应该只是人生历程上的一次成功的博弈，是具有理性思维的一次成功的投机，而不是人生的成功。真正成功的人生应该是：每时每刻都要有一种生生不息的进取心和每时每刻都要有为实现理想而奋起直追的魄力和勇气。

对人生的态度，应是“一分耕耘，一分收获”，这是前辈的教诲，是千百年来华夏文化的历史积淀，人生的成功并不在于你现在收获的是什么，而在于你是否时刻保持成功的心态。偶然的收获只是你进行下一次博弈的赌注，并不是赢得赌局的资本；要想赢得下一个赌局，就一定要时刻积聚实力和锻炼勇气。

你是否有这样的经历，在人生的某一个路口，准确地说，是某一个岔口，你有一个实现人生飞跃的机会，然而你面对眼前的挑战力不从心，没有积攒足够的实力实现飞跃。抑或有过这样的经历，在人生的某一个岔口，你有一次超越自我的机会，然而你却对面前的挑战望而却步，因为你没有锻炼出足够的勇气接受挑战。人生可能在一次次这样的挑战面前黯然失色，也可能在一次次这样的挑战面前五彩斑斓。规则只有一个：谁时刻拥有成功的心态、参与的实力和挑战的勇气，谁就会拥有成功的人生。也就是说，只有勇气和实力兼备，你才会成功，并不断超越自己，超越梦想。

通常我们所说的命运的转折点，只是我们之前努力所争取到的机会。有的人，由于自身的原因，即使偶有机会降临，也难以很好地把握住。而有些人，平时加倍努力，时刻准备，更易受到机遇的垂青。

有人曾经总结：“成功的人生，一言以蔽之：蓄势待发。”这句话应该成为每个渴望成功的青少年的人生格言。那么，从现在起，你就需要做到：

1.脚踏实地，为成功积攒实力

只要你把希望同脚踏实地努力联系起来，在平凡的工作中埋头苦干，总会找到成功的机遇。机遇就在你的脚下，每一个青少年都有成功的机会，一个人只要热爱眼下的岗位，矢志不渝地努力，成功就不过是迟早的问题。

2.为成功创造机会

任何人的成功都是来自自觉自愿地去寻找机会、发挥创造力。那些甘于沉沦和平庸的人最终只会沉沦和平庸下去；而那些主动执行、善于创造机会的人，则会从最平淡无奇的生活中找到一丝微小的机会，用自身的行动改变了他们的处境。

理智的冒险，才有把握冒险成功

当今社会是充满风险和变数的社会，无论我们做什么，都不会一帆风顺，都会有艰险。但这并不代表减少风险的方法就是不去冒险，不去冒险其实是最大的危险。在风险中求生存和发展，在风险中寻找机遇，需要我们果断但不能武断，胆大但不失心细，这才是一种理智的冒险，才更有把握冒险成功。生活中的每个青少年都要克服自己的武断和粗心大意的缺点，凡事三思而后行，这样能有效减少很多不必要的挫折。

麦克阿瑟就是冷静、具有非凡勇气的代表，他在面临敌人的炮火时也毫不退缩，完美地体现了“假如你选择了军队，就不要害怕牺牲；假如你选择了天空，就不要渴望风和日丽”的精神。

在查塔努加之战中，当时初出茅庐的麦克阿瑟所在团奉命向一座陡峭的高地发起冲锋，因受到猛烈火力的压制而溃退。副官麦克阿瑟中尉深知被压在高地上进退维谷，十分危险，只有占领高地，才能保存自己。于是，他带领3名掌旗兵突然出现在山坡上，挥旗挺进。第一个士兵倒下了，第二个、第三个士兵也倒下了，这时，麦克阿瑟毫不畏惧地从倒下的士兵手中接过军旗继续前进，并高声呐喊：“冲啊，威斯康星！”部队如梦初醒，怒吼着冲上高地。胜利了，麦克阿瑟却精疲力竭地倒在地上，烟尘满面，血染征衣。司令官谢里登奔上山顶，一把抱起这位年轻的副官，呜咽着对士兵说：“要好好照顾他，他的实际行动真正无愧于任何荣誉勋章。”麦克阿瑟非凡的勇气让他成了团里的英雄，一年之内连续得到晋升，成为该军中最年轻的团长和上校。当时，他年仅19岁，从“娃娃副官”变成了“娃娃上校”。

麦克阿瑟的司令部虽然设在隧道里，但他却把家仍安在地面上，经常冒着遭空袭的危险。每次空袭警报一响，妻子琼便带着小阿瑟奔向一英里远的隧道，而麦克阿瑟不是稳坐在家中，就是跑到外面去看个究竟。

在一次空袭中，麦克阿瑟从隧道里跑出来，毫不畏惧地站在露天的地方，观察日军飞机的空中编队，数着飞机的数量。他的值班中士摘下头上的钢盔给他戴上，这时一块弹片正好打在这位中士拿着钢盔的手上。奎松得知此事后，立即给麦克阿瑟写了一封信，提醒他要对两国政府、人民及军队负责，不要冒不必要的危险，以免遭到不幸。但麦克阿瑟把他的这种举动看作自己的职责，认为在这样的时刻，士兵们看到他同他们在一起会是高兴的。

年轻时代的麦克阿瑟就显示出了非凡的勇气，在查塔努加之战中，看上去，他是在逞血气之勇，实际恰恰相反。他很清楚，被压制在火力之下，敌人的援军一到他们谁也别想活，冲上去夺取阵地，抢到先机就能立于不败之地。牺牲难免，但这牺牲是必要的、值得的，也是必须的选择。而在后来的空袭中，我们可以发现，看上去拿生命开玩笑的麦克阿瑟实际上却很心细，观察日军飞机的空中编队，数着飞机的数量，了解这些，对于了解双方的作战实力是极有帮助的。

“无畏是灵魂中的一种杰出力量”，那些成功的人正是靠这种力量，即使遇到那些最突然和最可怕的事件，也能以一种平静的态度把持自己，并继续自由地运用他们的理性。一个人只有控制了怯懦，才会在生活中始终乐观而健康。

的确，每个成功的人都是在恰当时机冒险的人。血气方刚、敢闯敢做是每个青年人的特点，但同时，缺少历练的他们又缺少一些理智。于是，他们更容易做出果断的决定，但粗心大意也容易使他们忽略细节上的问题，而这些，都构成了失败的因素。青少年也要让自己拥有这种成功者的冒险精神，但不要盲目冒险，成功只光顾那些既有头脑、又有勇气

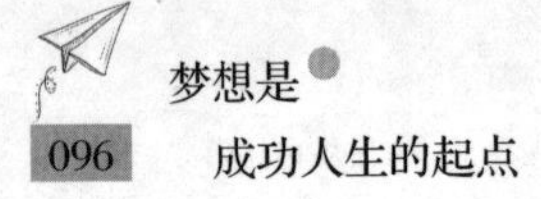

的人。

勇敢并不是需要你不顾一切往前冲，并不是简单的血气之勇，不是三分钟热血的冲动。“理性的勇敢”更多地表现为临危不惧、冷静分析、坚持到底的原则。

这一启示告诉青少年，要做到理性的勇敢，就必须做到：

1.目的明确，在目标召唤下勇敢地去做、冒险地去做

敢想敢做并没有错，但不能无厘头，有计划的行动才更有成功的胜算。因此，你无论在做什么事之前，都要反问自己：这件事的可实施性大吗？还有什么没有计划到的？计划越是周详，越能应付出现的问题和危险。

2.勇敢行动，不要瞻前顾后

心细、思虑周全并不是说要瞻前顾后，过多考虑失败的后果，那样只能让你畏首畏尾，什么也不敢做。你不要让恐惧压倒你，不要让风险困扰你，勇敢前进就能达到成功的目标。任何时候如果有任何人或事想要把你击倒，你就顽强撑住！只要对自己有信心，有放手一搏的决心，就不妨采取行动。

第6章

生活在行动中，而不是生活在岁月里

本杰明·富兰克林说：“千万不要把今天能做的事留到明天。”人生不过是想与做，想到不如做到，我们最缺乏的就是马上行动，许多人的失败，就是败给了内心的犹豫不决和懈怠，败给了精神拖延症。要想成功，就要做到言必行，行必果，不拖沓，勇敢尝试新思路。

立即行动，在行动中超越自己

我们每个人都渴望成功，但实际上，因为害怕失败、无法克服惰性，甚至认为自己没有能力，人们总是不敢跨出为成功献身的第一步。事实上，人的潜能是无限的，你往往意识不到自己竟能做到超出你想象的事情。所以，永远不要小看自己，不要限制自己。立即行动，只有在行动中才能超越自己，创造价值！每个青少年，自身都孕育着无穷的能量。过去成功或失败，并不代表将来能成功或失败，未来靠的是现在，现在做什么，怎样做，要达到什么目标，才能决定未来是怎样。没有行动就没有结果，没有结果就没有成就。

可以说，不找借口是执行力的表现，这是一种很重要的思想，体现了一个人对自己的职责和使命的态度。

然而，现实生活中，有很多青少年抱怨自己的工作繁杂、强度大或者所学的专业和所从事的工作不对口而导致力不从心等，其实，这是很正常的。现在知识呈爆炸式增长，从某种程度上来说，在青年人走出校门的那一瞬间，学校所学的知识都已过时了一半。步入社会和职场的你就如同一张白纸，从那一刻起，你就必须从零开始学习，而一味抱怨、不付诸行动，你将永远停在零的阶段。而只要你去做，你的人生就将无

限精彩！

有时候，很多人空有一腔抱负或者想法，却因为没有用实践来验证，而最终只能一事无成。

有两个都想过富裕生活的人，其中一位是学富五车的教授，另一位是目不识丁的文盲，两个人是邻居，为了共同的目标经常一起聊天。每次，教授都滔滔不绝地讲他的致富理论，各种办法层出不穷；那位文盲也不多说，只是认真地听，并且不停照教授的办法去行动。

过了几年，文盲当真成为了百万富翁，教授却还是原地踏步，只是继续他的高谈阔论。

这个故事说明：坐而言不如起而行。学到的东西，不能只停留在理论的层面上，只有及时把它们应用到实践中，才能创造价值，获得成功。

行动具有极强的激励作用，一旦你行动起来，你就会不断获取新知、实现目标，这样会大大激发你的斗志，超越自己，超越别人。青少年们，踏入社会后，你们需要做到：知行合一，知即是行，行即是知，观念和知识从行动中获得，在行动中实践；成功没有秘诀，就是在行动中不断尝试，在行动中检验自己、改变自己，继续尝试，最终达到成功。

在行动中去增添勇气、创造奇迹；一旦行动，你会愈战愈勇，一次行动收获一些成绩，再行动再获成绩，斗志和成就会激励你奋勇向前、创造奇迹！

要做到立即行动，青少年需要执行激发行动的六大步骤：

1.我要得到什么样的结果

思考想要的结果，如达成10万的业绩指标，客户签单达到6个，被公司认可，半年内竞聘主管职位。

2.达不到目标有什么样的痛苦

想象一下，没有达成这个目标可能的痛苦场景，如失去工作，个人价值不被认可！

3.不行动有什么坏处

再思考，如果不行动会导致什么不良后果，如工作做不出业绩，目标完不成，不被信任，生活失去保障，无快乐可言。

4.假如马上行动，有什么好处

那么，如果立即行动，又会带来什么好处，如有机会争取大的订单，个人价值将得到认可，成为事业的转折点！

5.制定期限，马上行动

行动前，定下目标达成时限，如在两个月内，签下合同！

6.将行动计划告诉你的家人、朋友和领导

看你的行动计划是否合理可行，先行检验一下，如告诉上级领导自己的目标，寻求他的指导和支持，制订策略。

时刻整装待发，冲刺成功

生活中，我们发现，总有一些年轻人抱怨命运的不公，慨叹机遇总是不垂青自己。而实际上，他们忘记了“机遇垂青于

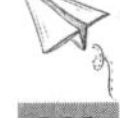

勤奋博学的人”这个道理。任何人的成功都是来自自觉自愿地去寻找机会、发挥创造力。

青少年们，你们要知道，当命运之神把我们推到这个社会，当我们胸怀壮志努力奋进，当我们列好计划即将一展宏图，我们应该立刻行动！没有立刻行动，一切都将是空中楼阁；没有立刻行动，一切都将是梦幻泡影；不论你的计划是什么，都要即刻实践，只有实践才能让你赢得更多的机遇，才能时刻整装待发，冲刺成功！

如果梦想成为知识专家，那就立刻看看自己适合于研究什么专业，立刻分析现在社会的前沿信息是什么，立刻专心于读书学习，立刻开始选书目、定方向、写笔记，立刻开始阅读，不要拖延时间；如果梦想成为一流的营销员，成为亿万富翁，那就立刻开始研究产品、市场、人脉、营销，立刻拿起电话，立刻买上车票，立刻奔赴营销第一线；如果梦想成为政治家，那就立刻学会演讲、学会写作、学会协调，立刻研究人脉、研究社会、研究管理……

很多企业界的成功人士，他们身上都有一个共同的特点：他们的成功都来自一个特殊的机缘，但是机缘的出现，似乎又是注定的，因为他们总是用行动说话！作为华人首富，李嘉诚的名字可谓家喻户晓。他之所以能成为首富，也并非没有规律可循：从打工的时候起，他就是一个懂得为自己制造机遇的人。

李嘉诚的父亲是位老师，他非常希望李嘉诚能够考个好大学。然而，父亲的突然去世，使得这个梦想破灭了：家庭的重担全部落到了才十多岁的李嘉诚身上，他不得不靠打工来维持整个家庭的生计。他先是在茶楼做跑堂的伙计，后来应聘到一家企业当推销员。干推销员首先要能跑路，这一点也难不倒他，以前在茶楼成天跑前跑后，早就练就了一副好脚板，可最重要的，还是怎样千方百计地把产品推销出去。

有一次，李嘉诚去推销一种塑料洒水器，连走了好几家都无人问津。一上午过去了，一点收获都没有，如果下午还是毫无进展，回去将无法向老板交代。尽管推销得不顺利，他还是不停地给自己打气，精神抖擞地走进了另一栋办公楼。

他看到楼道上的灰尘很多，突然灵机一动，没有直接去推销产品，而是去洗手间，往洒水器里装了一些水，将水洒在楼道里。十分神奇，经他这样一洒，原来很脏的楼道，一下变得干净起来。这一来，立即引起了主管办公楼有关人士的兴趣，一下午，他就卖掉了十多台洒水器。

李嘉诚这次推销为什么成功了呢？原因在于把握了一个推销的诀窍：要让客户动心，就必须掌握他们如何受到影响的规律："听别人说好，不如看到怎样好；看到怎样好，不如使用起来好。"老讲自己的产品好，哪能比得上亲自示范、让大家看到使用后的效果呢？在做推销员的整个过程中，李嘉诚都重视分析和总结。在干了一段时期的推销员之后，公司的老板发现：李嘉诚跑的地方比别的推销员都多，成交的也最多。他是如何做到这点的呢？原来，他将香港分成几片，对各片的人员结构进行分析，了解哪一片的潜在客户最多，有的放矢地去跑，重点攻关，这样一来，他获得的收益自然要比别人多。纵观李嘉诚的奋斗历史，其实就是一个不断用方法来改变命运的历史。他能想到的，也都做到了，不断去实践就是为什么他能成功的原因。

生活中的青少年，你能像李嘉诚一样吗？还在慨叹自己时运不济吗？上天对待每一个人都是公平的，在给予别人机遇的同时，也在给你同样的机遇。这个时候，是否能够获得成功，关键就在于你捕获这机遇的能力了。

机遇无处不有，无处不在，关键是看你能否把握住。偶然的机会只对那些勤奋工作的人才有意义。成功的秘密在于，当机遇来临的时候，你已经做好了把握住它的准备。时刻准备着，当机会来临时你就成功了。

那么，青少年，你该如何实践才能获得良机呢？

1.为自己制订一个合理目标

人生不能没有目标，如果没有目标，你就会像一只黑夜中找不到灯塔的航船，在茫茫大海中迷失了方向，只能随波逐流，达不到岸边，甚至会触礁而毁。生活中，我们只有树立明确的目标，投入实际的行动，才能收获成就感和满足感。

2.为目标制订合理的计划

计划是为实现目标而需要采取的方法、策略。只有目标，没有计划，往往会顾此失彼，或多费精力和时间。

3.广结善缘，为自己赢取机遇

一个篱笆三个桩，一个好汉三个帮，这是人们从长期的生活中得出的宝贵经验。要想成就一番大事，必须靠大家的共同努力。在现在这个竞争激烈的环境中，只靠一个人打拼天下是不现实的，我们必须要有与人团结合作的精神，才能够发挥集体的优势，在事业上取得成功。

延误时机，你永远在人后

生活中，我们常常需要做抉择——实行或者不实行，我们总是试图通过我们最精确的思维，获得我们最想要的结果。但实际上，很多时候，正是因为我们过多的思考，而导致了我们瞻前顾后，不敢行动，成功的机会也就在“做”与“不做”之间流失了，留下的只有遗憾。可见，思虑周全并不为过，但千万不能瞻前顾后。所谓不要瞻前顾后，就是不要考虑别人如何评价我们、如何看待我们、我们能得到什么回报、得到什么奖励、表扬、荣誉。别人的评价是在我们的事情之后，不可能在我们的行动之前或同时；而且可能是在我们做过之后很长时间，才会有客观的中肯的评价。那些及时的、同时的表扬和奖励都是安排的和鼓励性质的，不是真正客观的准确的评价。

生活中的青少年，社会经验、人生阅历不足，在做决定之前，常常会恐惧失败而左思右量，但千万记住，不要延误时机，否则只会让你永在人后。因为拖延是行动的死敌，也是成功的死敌。拖延使我们所有的美好理想变成真正的幻想，拖延令我们丢失今天而永远生活在“明天”的等待之中，这样就成为一个永远只知抱怨叹息的落伍者、失败者、潦倒者。成功学创始人拿破仑·希尔说：“生活如同一盘棋，你的对手是时间，假如你行动前犹豫不决，或拖延地行动，你将因时间过长而痛失这盘棋，你的对手是不容许你犹豫不决的！”

现实生活中，不乏这样的青少年，他们激动的多，行动的少。表扬的多，真干的少。因为他们在准备实践的时候，总是考虑这个考虑那个，这样肯定会错失时机，后悔莫及。最大的成功并不是那些嘴上说得天花乱坠，把一切都设想得极其美妙的人去做的，而是那些脚踏实地的人去干的。其中，成功素质不足、自信不足、心态消极、目标不明确、计划不具体、策略方法不够多、知识不足、过于追求十全十美，这些都是青少年们瞻前顾后、不敢行动的原因。

《聊斋志异》中有这样一则故事：两个牧童进深山，入狼窝，发现两只小狼崽。他俩各抱一只分别爬上大树，两树相距数十步，片刻老狼来寻子。一个牧童在树上掐小狼的耳朵，弄得小狼嗷叫连天，老狼闻声奔来，气急败坏地在树下乱抓乱咬。

此时，另一棵树上的牧童拧小狼的腿，这只小狼也连声嗷叫，老狼又闻声赶去，不停地奔波于两树之间，终于累得气绝身亡。

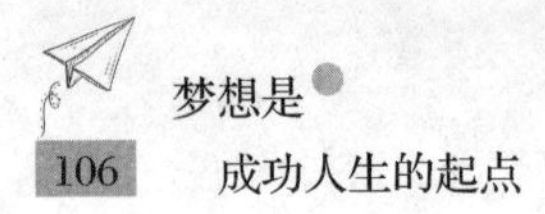

这只狼之所以累死，原因就在于它企图救回自己的两只狼崽，一只都不想放弃。实际上，只要它守住其中一棵树，用不了多久就能至少救回一只。

我们没有理由说狼很笨，有时人比狼还笨。古人讲的“用兵之害，犹豫最大；三军之灾，生于狐疑”就是这个道理。

在我们每一个人的生活中也经常面临着种种抉择，如何选择对人生的成败得失关系极大，因而人们都希望得到最佳的选择，常常在抉择之前反复权衡利弊，再三仔细斟酌，甚至犹豫不决，举棋不定。但是，在很多情况下，机会稍纵即逝，并没有留下足够的时间让我们去反复思考，反而要求我们当机立断，迅速决策。如果我们犹豫不决，就会两手空空，一无所获。

那么，该怎样克服瞻前顾后的思维习惯呢？

1.采用稳健的决策方式

在很多情况下，当一种趋势出现时，有些人一个劲地陷入哪个好哪个坏的争论之中，事实上没有这个必要，只要没有明确的二者择一的必要，就不必太早决策。

2.要养成独立思考的习惯

不能独立思考，总是人云亦云，缺乏主见的人，是不可能做出正确决策的。如果不能有效运用自己的独立思考能力，随时随地因为别人的观点而否定自己的计划，将会使自己的决策很容易出现失误。

3.严格执行一种决策纪律

利与弊往往是事情的一体两面，很难分割。有的人明明事先已经编制了能有效抵御风险的决策纪律，但是一旦现实中的风险牵涉到自己的切身利益时，往往就不容易下决心执行了。

4.不要总是试图获取最多利益

过高的目标不仅没有起到指示方向的作用，反而由于目标定得过高，带来一定心理压力，束缚决策水平的正常发挥。事实上多数环境中，如果没有良好的决策水平做支撑，一味地追求最高利益，势必将处处碰壁。

绝不拖延，尽全力日事日清

人的一生，短短几十载，生命是有限的。如果我们浪费时间，工作和生活总是被那些琐碎的、毫无意义的事情所占据，那么我们就没有精力去做真正重要的事情了。世界上有很多人埋头苦干，却成就一般，如果他们充分利用了自己的时间和精力，绝对可以做出更有价值的事情来。人生路途刚刚起步的青少年，同样要记住这一点，无论是在工作还是在生活中，大事还是小事，凡是应该立即去做的事情，就应该立即行动，决不能拖延，要尽全力日事日清。

“明日复明日，明日何其多，我生待明日，万事成蹉跎。”我们的一生中，确实有很多个明天，但如果把什么都放在明天做，那明天呢？明天的明天呢？有句话说得好，“我们活在当下”，明天属于未来，我们只有把握好现在，才能决定明天的生活。

同时，拖延是可怕的，会摧毁人的意志。如果我们长期生活在由自己编织的“拖延梦”中，你的一生将会是失败的，因为在长期的“醉生梦死”中，你将会失去了一个成功者应有的心态！

美国康奈尔大学做过一次有名的实验。经过精心策划安排，他们把一只青蛙冷不防丢进煮沸的油锅里，这只反应灵敏的青蛙在千钧一发的生死关头，用尽全力跃出了滚滚油锅，跳到地面安然逃生。

隔了半小时，他们使用一个同样大小的铁锅，这一回在锅里放满冷水，然后把那只死里逃生的青蛙放在锅里。这只青蛙在水里不时地来回游动。接着，实验人员偷偷在锅底用炭火慢慢加热。

青蛙不知究竟，仍然在微温的水中享受“温暖”，等它开始意识到锅中的水温已经令它熬受不住，必须奋力跳出才能活命时，一切为时已晚。它欲试乏力，全身瘫痪，呆呆地躺在水里，最终葬身在铁锅里面。

以上例子，或许你听过，虽然它们所谈的并不是拖延，但是都揭示了拖延是如何起作用及最终的结果——它会像癌细胞一样逐步扩散，直至吞噬整个生命。你每次拖延产生的负面能量会一点一滴地积累起来，最后，它会以水滴石穿般的威力严

重影响你的自信、自尊、自爱，最终使你彻底崩溃。

你有过这样的经验吗？你在上大学时会不会拖到最后时刻才交作业？或者经常等到快考试时才马不停蹄地“开夜车”复习功课？几乎每个人都清楚地知道，拖延是不好的习惯，可是，你是否真正思考过，多年来由于拖延为你带来了多大的损失？我想请你现在思考以下问题：

在过去的5年里，你因为拖延付出了哪些代价？如果用金钱衡量，是多少呢？

现在，你因为拖延付出了哪些代价？如果用金钱衡量，是多少呢？

如果继续像以前一样拖延，在未来5年中，你会付出哪些代价？如果用金钱衡量，是多少呢？

任何事，今日不清，必然积累。就比如一根稻草，千万别看轻它，一根不起眼，但当一根根稻草堆成了山，再强壮的骆驼也会被压死。

实际上，拖延并非人的本性，它是一种恶习，一种可以得到改善的坏习惯。这个坏习惯，并不能使问题消失或者使解决问题变得容易，而只会制造问题，给工作造成严重的危害。成功者从不拖延，因为他们对工作的态度是立即执行，所以把握了成功。那么，为什么我们还要逃避现实，还要忍受拖延造成的痛苦呢？

现在开始用“立即执行”的好习惯取代“拖延”，我们同样可以拥有成功。马上行动可以应用在人生的每一阶段，帮助你做自己应该做却不想做的事情。对不愉快的工作不再拖延，抓住稍纵即逝的宝贵时机，实现梦想。

但很显然，要能马上行动，就要克服一种许多人常有的拖延习惯。拖延是一种习惯，行动也是一种习惯，不好的习惯要用好的习惯来代替。那么，青少年，你若想鼓励自己今日事今日毕，需要这样鼓励自己：

1.“快乐—痛苦”比较法

仔细思考一下，拖延的事情迟早要做，为什么要推后再做？立即做完以后可以休息，而现在休息，也许往后要付出更大的代价。想一想，在日常生活当中，有哪些事情是你最喜欢拖延的？现在就下定决心，将它改善。从最简单的事情开始，当你可以激发自行动力的时候，你会非常有冲劲，会非常想去完成一件事情。

2.在最佳精神状态下工作，达到最高的效率

热爱你的工作并充满激情，你的内心同时也会变化，你会越发有信心。对你的工作充满热情，每天精神饱满地去迎接工作，以最佳的精神状态去发挥自己的才能，就能充分发掘自己的潜能，做到日事日清。

冷静判断，抓住最佳反应时机

生活中，我们经常要面临两难的抉择，尤其是在这个信

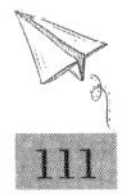

息多而乱的社会中，做出正确的抉择更不是一件易事，这就需要我们有出色的判断能力，需要你用最快的时间来做出一个决定，也就是果断。但实际上，很多时候，人们为了求稳，总是左右迟疑，权衡各个方面的因素，结果是当断不断，为自己带来很多困扰。生活中的青少年，你要明白，平常做事一定要具备果断的形式作风，这也是成功者必备的品质。

你也应记住这句话：不要轻举妄动而自乱阵脚；要冷静地判断。抓住最佳的反应时机。的确，在两难的抉择中，能否抓住机遇取决于我们是否足够果断。假如面对选择时犹豫不决，无法果断地做出决定，将会一事无成，甚至有可能还会埋下祸根，为自己带来一连串失败的打击。

法国哲学家布里丹养了一头小毛驴，每天向附近的农民买一堆草料来喂。这天，送草的农民出于对哲学家的景仰，额外多送了一堆草料，放在旁边。这下子，毛驴站在两堆数量、质量和与它的距离完全相等的干草之间，可是为难坏了。它虽然享有充分的选择自由，但由于两堆干草价值相等，客观上无法分辨优劣。于是它左看看，右瞅瞅，始终也无法分清究竟选择哪一堆好。于是，这头可怜的毛驴就这样站在原地，一会儿考虑数量，一会儿考虑质量，一会儿分析颜色，一会儿分析新鲜度，犹犹豫豫，来来回回，在无所适从中活活地饿死了。

小毛驴在充足的两堆草料面前，却落得个饿死的下场，真是匪夷所思。可见，迟疑不定不仅对人们做出正确的行为无丝毫的帮助，还会让人们延误时机，甚至酿成苦果。而实际上，除了动物以外，人类似乎也在重复这个幼稚的错误。

有个农民的妻子和孩子同时被洪水冲走，农民从洪水中救起了妻子，不幸孩子被淹死了。对此，人们议论纷纷，莫衷一是。有的说农民先救妻子做得对，因为妻子不能死而复生，孩子却可以再生一个；有的却说农民做得不对，应该先救孩子，因为孩子死了无法复活，妻子却可以再娶一个。一位记者听了这个故事，也感到疑惑不解，便去问那个农民，希望能找到一个满意的答案。想不到农民告诉他："我当时什么也没有想到，洪水袭来时妻子就在身边，便先抓起妻子往边上游，等返回再救孩子时，想不到孩子已被洪水冲走了。"

的确，当需要我们做决定的时候，当断不断，必受其乱：为人行事，必须坚决果敢，当机立断，一旦决定下来就应该马上去做，如果前怕狼，后怕虎，只会白白丧失很多机会，考虑太多只会造成"竹篮打水一场空"的后果。青少年们也应记住这个道理：只要是自己认定的事情，绝不可优柔寡断。犹豫不决固然可以免去一些做错事的机会，但也失去了成功的机遇。

同样，这个道理也可以运用到如何抓住机遇上，在你决定某一件事情之前，你应该运用全部的常识和理智慎重地思考。如果发现好的机会，就必须抓紧时间，马上采取行动，才不至于贻误时机。如果犹豫、观望而不敢决定，机会就会悄然流逝，后悔莫及。

在两难的抉择中，敢于决断是一个人成功的关键。在犹豫不决中丢失的机会比真正错过的还多。只有敢于决断，敢于行动，才能够成功。不论干什么，都要把握住适当的分寸和尺度，所谓“该出手时就出手”，一旦错过了最好的时机，你可能会一无所得。

青少年们，如果想改掉犹豫的毛病，养成果断决策的习惯，就要马上从今天开始，永远不要等到明天，强迫自己去练习，切勿犹豫。

那么，你该怎样培养自己行事果断的作风呢？

1.多做了解，理智地思考

在你决定某一件事情之前，你应该对各方面的情况有所了解，你应该运用全部的常识和理智慎重地思考，给自己充分的时间去想问题。一旦做好了心理准备，就要果断决定，一经决定，就不要轻易反悔。

2.以自信引导自己做决定

如果发现好的机会，你就必须抓紧时间，马上采取行动，才不至于贻误时机。不要对一个问题不停地思考，一会儿想到这一方面，一会儿又想到那一方面。你该把你的决定，作为最后不变的决定。这种迅速决断的习惯养成以后，你便能产生一种相信自己的自信。如果犹豫、观望，而不敢决定，机会就会悄然流逝，后悔莫及。

3.见机行事，学会果断应变

当好机会出现时，要敢于抓住时机，扭转航向。当坏的消息传到时，要敢于甩手抛弃。在职场能成功的人，就是在面临决策抉择时，能够沉着、客观、冷静地分析各种情况并能够果断决策的人。

4.学会在做决定时抛开僵化的是非观念

你最好认识到，果断决策者难免会发生错误，但是，这无疑比那些犹豫者做事迅速，犹豫者根本就不敢开始工作。而且，就你由此得到的自信力，和被他人所依赖的信赖感等来说，要比丧失决策力有价值得多。不做决定，你就会失去了向失败挑战的勇气和决心。

第7章

能主宰自己灵魂的人，是征服者的征服者

成功的人生，需要我们拥有自制的能力，这样才能控制好自己的情绪。只有懂得克制，才能主宰自己的行为。自制必须是实际行动才行，每天克制一件小事，若无法做到这一点，根本称不上有自制力。小事无法自制的人，面对大事更不可能自制。

担起社会的责任，时刻不忘回馈社会

我们每个人，都是一个独立的自我，但同时，也是生活在一定的社会集体中，没有谁可以脱离社会而存在。为此，我们在向社会索取的同时，也要学会奉献、懂得感恩！身为未来社会接班人的青少年们，更要从现在开始担起社会的责任，时刻不忘回馈社会。

现今社会，小有成就的人不少，但真正意识到自己还存在社会责任的则少之又少，他们认为自己的成功完全归功于自己，而排除了社会因素。实际上，在需要协作方法工作的今天，已经没有谁可以单打独斗就能成功了，独木不成林，一个人的力量是有限的。一个人只有懂得付出，才有回报，这是一条至理名言。只懂得向社会索取，而不懂得奉献的人，迟早是会被社会抛弃的。

所以，身为社会人，从责任的角度看，你必须要有一颗爱别人，爱社会，肯奉献的心，扛起社会的责任，才能成为一个顶天立地的社会人，才能被人尊重，为人称颂！就像李嘉诚说的："金钱并不是人生中最重要的因素。'富贵'这两个字必须分开而看，'富'者不一定'贵'，真正值得珍贵的，还在于你为社会做了什么，在于所做之事能否令世人得益：

‘只有你做些让世人得益的事，这才是真财富，任何人都拿不走。’”因此，他眼中真正的“富贵”，是必须懂得用金钱去回馈社会，如不能做到这样，即使拥有了金钱，也只不过是“富而不贵”。

李嘉诚于1980年创立了自己的基金会，为医疗、教育、文化和社区福利项目提供资助，主要针对香港和内地。迄今为止，该基金会已为各项事业捐出及承诺款项约77亿港元，其中，内地约占64%，香港占29%，其他占7%。

另外，李嘉诚基金的管理特色在于从不动用现有资产，基金用多少，李嘉诚补上多少。李嘉诚曾多次强调指出，基金会是100%做慈善，帮助有需要的人，只是一直不喜欢将基金会用慈善两个字。李嘉诚还表示，无论其家族成员或是董事，都不能从基金会拿取一分一毫，基金会是百分百做捐献的。

李嘉诚说，能够在这个世上对其他需要你帮助的人有贡献，这个是内心的财富。这个是我自己创造出来的，这个是真财富。因为金钱的财富，你今天可能涨了，身价高很多，明天掉下去了，你的财富可以一夜之间变为一半。只有你做出使世人受益的事，这个才是真财富，任何人拿不回来。

青少年，可能你会认为，我没有李嘉诚式的物质财富，对于社会无法做到如此奉献。但真正的奉献也不是用财富来衡量的。只要你懂得不断奉献，你的人生财富也就在不断积累，你的人生就在不断充实！

没有责任感的军官不是合格的军官，没有责任感的经理不是合格的经理，没有责任感的公民不是合格的公民。责任感，无论是对自己、对国家、对社会还是对民族，任何时候都是不可或缺的。

的确，每个人的能力都有限，但在你有限的能力里，依然可以不断奉献社会。对此，青少年需要做到：

1.从生活中的小事做起，帮助周围的人

生活中，人人都会遇到一些困难、矛盾和问题，都需要别人的关心、爱护，更需要别人的支持、帮助。如果在社会生活中，每个人都能主动关心、帮助他人，从自己做起，从小事做起，从现在做起，使助人为乐在社会上蔚然成风，那么，你就能随时随地得到他人的帮助，感受到社会的温暖。从这个意义上讲，“助人”也就是“助己”。

2.热心公益

社会公益反映了社会主义的新型人际关系，与每位公民息息相关。每个公民都要关注和支持社会公益，多献一点爱心，多添一份真情，在社会生活中做一个热心人，如赈灾救荒、捐资助学、义务献血、为社会福利事业捐款捐物等，做到有钱出钱，有力出力。

3.遵纪守法

俗话说：没有规矩，不成方圆。对一个公民来说，是否自觉维护公共场所秩序，纪律观念、法制意识强不强，体现着他的精神道德风貌。遵纪守法同时也是保护社会健康、有序发展的基础。这里的“遵纪守法”指的是，要懂法、知法、护法，用法律来约束自己的行为等。

当然，奉献社会远不止以上说的三点，需要你从生活中的小事不断努力！

战胜自我，成为真正的强者

古人云：“天将降大任于斯人也，必先苦其心志，劳其筋骨，饿其体肤，空乏其身，行拂乱其所为，所以动心忍性，增益其所不能。”那些成大事者，都有“动心忍性”的自制力，使其能守得云开见月明，走出逆境。自律就是自我管理、自我控制；自律就是战胜自我、超越自我。金无足赤，人无完人，人最大的敌人是自己。只有战胜自我的人，才是真正的强者。

同时，自制力对尚未成熟的青少年们也显得尤为重要。在你们的学习和生活中，自制在很多方面都发挥着巨大的作用：它能督促自己去完成应当完成的任务；能抑制自己的不良行为，如贪婪、懒惰；能缓解不良情绪，如冲动、愤怒；能抵御外界形形色色的诱惑；等等。相反，如果没有或缺少自我控制，不良的行为和情绪就会反过来控制我们，我们将失去意志力、信心、执着和乐观，失去获得成功的机会，甚至会偏离人生的方向，误入歧途。

而生活中，人们之所以会做那些让自己后悔的事，归结起来，大多是因为自制力薄弱，抵挡不住诱惑，因此做了不该做的事。要培养坚定的自制力，首先要从心里认识到自制的重要，然后才能自觉地培养。只有坚决地约束自己、战胜自己，最终才能战胜困难，取得成功。

美国石油大亨保罗·盖蒂曾经是个大烟鬼，抽烟抽得很凶。有一次，他在一个小城的旅馆过夜。清晨两点钟，盖蒂醒来，他想抽一根烟。不料烟盒里头却是空的。这时候，旅馆的餐厅、酒吧早关门了，他得到香烟的唯一希望是穿上衣服，走出去，到几条街外的火车站去买。越是没有烟，想抽的欲望就越大。盖蒂穿好了出门的衣服，在伸手去拿雨衣的时候，他突然停住了。他问自己：我这是在干什么？盖蒂站在那儿寻思，一个所谓相当成功的商人，一个自以为有足够理智对别人下命令的人，竟要在三更半夜离开旅馆，冒着大雨走过几条街，仅仅是为了得到一支烟？没多会儿，盖蒂下定了决心，把那个空烟盒揉成一团扔进了纸篓，脱下衣服换上睡衣回到了床上，带着一种解脱甚至是胜利的感觉，几分钟就进入了梦乡。从此以后，保罗·盖蒂再也没有抽过香烟，他的事业越做越大，成为世界顶尖富豪之一。

约束自己的得失之心，懂得为自己的所作所为负责，即使在无人知晓的情况下仍能自律的人，在人生道路上就能把握好自己的命运，不会为得失越轨翻车。这样的人必当能成为真正的强者。因为真正的强者，他的任何一句话、一个行为都是有力量的，他会结交更多的朋友、减少很多敌人，因为一旦失去自制之后，另一个人——不管是一名目不识丁的管理员还是有教养的绅士——都能轻易地将他打败。这也就是为什么人们常说："上帝要毁灭一个人，必先使他疯狂。"

要能稳住自己，就必须使你身上的热情和自制力达到平稳。而要很好地遵守纪律，就要学会克制。哪怕是对自己的一点小的克制，也会使人变得强而有力。

这一启示为生活中那些自制力薄弱的青少年提出警告，从现在起，必须加强自制力培养，对此，你可以尝试一下拿破·希尔"自制的七个C"：

1.控制自己的时间（Clock）

纵使现在的你还年轻，但可以奋斗、学习的时间都是有限的，时间就是生命，把握时间，就是掌握生命。

2.控制思想（Concept）

我们自己完全有能力控制自己的思想与想象性的创造。必须记住：幻想在经过刺激之后，将会实现。

3.控制接触的对象（Contacts）

我们无法选择共同工作或一起相处的全部对象，但是我们可以选择共度最多时间的同伴，也可以认识新朋友，找出成功的楷模，向他们学习。这点每个人都可以做到。

4.控制沟通的方式（Communication）

我们可以控制说话的内容和方式。记住，我们谈话的时候，是学不到任何东西的，因此，沟通方式最主要的就是聆听、观察以及吸收。当我们和别人沟通时，我们要用信息来使聆听者获得一些价值，并彼此了解。

5.控制目标（Causes）

有了自己的思想、交往对象以及承诺之后，就可以定下生活中的长期目标，而这个目标也就成为了我们的理想。有极高的理想，以及生活的一项计划，这就给了我们信心与勇气。

6.控制承诺（Commitments）

我们选择最有效果的思想、交往对象与沟通方式。我们有责任使它们成为一种契约式的承诺，定下次序与期限。我们按部就班，平稳地实现自己的承诺。

7.控制忧虑（Concern）

一般人最关心的莫过于如何创造一个喜悦的人生。多数人对于会威胁自己价值观的事，都会有情感上的反应。

自我约束，克服冲动与懈怠

金无足赤，人无完人。正如一位哲人说的：“没有不带刺的鱼，同样也没有不带缺点的人。”每个人都有自己的缺陷和不良的情绪。但是，我们必须充分认识自己，承认自己的缺点，并下决心改正它，战胜它！也有人曾经说，“你今天站在哪里并不重要，但是你下一步迈向哪里却很重要。”因为任何成功的人生，都需要正确的规划。但无论任何规划，在实施的时候，都需要做到对自己有所约束，克制一些自身缺点，比如冲动与懈怠。因为这两点都是阻碍成功的绊脚石。生活中的青少年，如果你也想登上成功者的宝座，就需要从现在起，做到自我约束，克服冲动与懈怠这两种极端状态。

从某种意义上说，冲动与懈怠是两个相对的极端状态，前者容易使人做出错误的举动而影响成功的步伐；而懈怠，也是成功的大敌，一个懈怠的人的生活、工作节奏总是比别人慢，成功往往与这类人无缘。可见，青少年，如果你渴望成功，你就需要做到理智地勤奋，才能有计划地成功！

日本有个汽车推销员，名叫椎名保文。他在丰田汽车公司的一个分公司里工作，在不到13年时间，他就销售了4000辆汽车。如果把13年按月数计算，他每个月平均销售汽车25.6辆。除了星期天和节日，每个月的实际工作日只有25天。那么，椎名是以一天一辆的速度推销汽车的，而他的顾客还都是个人消费者，没有一个大批购买的客户。他的速度真是很惊人。一般汽车推销员平均每月推销4到5辆，椎名一个人的推销量是几个人的工作量，是别人的五到六倍。一般而言，一个汽车销售公司经营的一个营业所平均有7至8个推销员，一个月大约平均推销30辆汽车，而椎名一个人的推销量相当于一个营业所的推销量。

椎名为什么能够推销那么多的汽车呢？一句话，勤奋产生效率。据说，他的鞋因为走路太多，总是在很短时间内，就不能再穿。

另外，可能有些青少年认为自己天资聪颖，不需要勤奋，而正是这种思想断送了不少人的大好前程。

天才的拉斐尔去世时才38岁，留下了287幅绘画作品、500多张素描，每一幅都价值连城；达芬奇是个乐观开朗、干劲十足又热情洋溢的人。每天天破晓就开始工作，直到工作室伸手不见五指，他才离开画布去吃饭休息……这些被世人称为天才的人，如果只是等着发挥天才的作用，那可能早就被人遗忘了。他们的勤奋不懈才是被世人赞叹的最根本原因。

所以，青少年，不管你现在从事的是怎样一种工作，只要你勤奋工作，向时间要效率，你就会享受到高效的工作成果给你带来的真正快乐。

只争朝夕，永不止步。要想获得人生的成功，你就必须保持百倍的警惕，就需要摒弃冲动与懈怠，从现在起，理智地成功，有计划地成功!

对此，青少年应该明白，将理智与勤奋结合起来，才能做到高效地为成功积蓄力量，你需要做到：

1.立即行动，勤奋才能产生行动

我们都知道勤奋和效率的关系。在相同条件下，当一个人勤奋努力工作时，他产生的效率肯定会大于他懒散的工作状态。高效率的工作者都懂得这个道理，所以，他们能够实现别人几辈子才能够达到的目标。

2.不要冲动，不妨先制订计划

制订计划时不要超过你的实际能力范围，而且内容一定要详尽。比方说，如果你想学习英语，那么你不妨制订一个学习

计划，安排星期一、星期三和星期五下午5：30开始听20分钟的英语录音，星期二和星期四学习语法。这样一来，你每个星期都能更实在地接近、实现你的目标。

逃避责任的人注定失败

责任，对于任何人来说都是不可推卸的，它体现了一种社会必然性。人活着，就意味着要承担责任。然而，人们对于自己承担的各种责任的意识和自觉的程度却是不同的。例如，在对待工作方面，有的人忠于职守、尽职尽责、克己奉公，有的人却玩忽职守、消极怠工、以权谋私，其中就反映出人们工作责任心的强弱。道德的根本问题在于调节个人利益与社会整体利益的关系。因此，责任心的强弱，能够反映一个人品德的优劣。一个责任心强的人，即使经受再大的困难，也不会抛下责任。

千百年来，人类拥有上苍赐予的许许多多美好的品质与情感，强烈的责任感就是其中的一点美丽的光芒，在一颗颗忠义的赤子之心中闪耀着。每一个青少年都是未来社会的主人，只有积极主动担起家庭、社会乃至国家的责任，才能成为一个合格的社会人。每个人都缺乏责任感的社会是不可想象的。一个逃避责任的人注定失败，而一个勇敢承担责任的人，即使没有傲人的成就，也是一个生活中真正的强者，一个真正的人，真

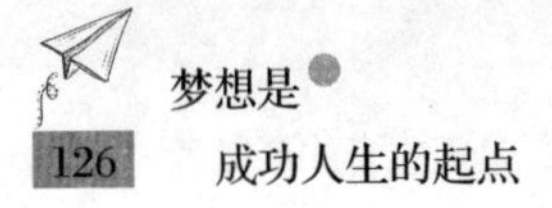

正的赢家。

1968年，在墨西哥奥运会男子马拉松决赛主体育场。夜幕已经降临，发令的枪声在4小时以前已经响过，这场比赛的优胜者们早就领了奖杯，庆祝胜利的典礼早已结束，因此当坦桑尼亚选手艾哈瓦里孤零零地抵达体育场时，大部分观众早已离去。他双腿绑着绷带，一瘸一拐地走进了体育场，并坚持跑到终点。

在体育场的一个角落，享誉国际的纪录片制作人格林斯潘远远看着这一切。在好奇心的驱使下，格林斯潘走了过去，问艾哈瓦里："你在比赛途中受了伤，完全有理由放弃比赛，却为什么要这么吃力地跑至终点？"

艾哈瓦里回答说："我的祖国从两万多公里外送我来这里，不是派我来开始比赛的，而是派我来完成比赛的。"

在那一届奥运会上，艾哈瓦里没有获得任何名次，但他的名字比冠军更响亮。

作为一个奥运会选手，艾哈瓦里身上担负的是他的祖国、他的人民赋予的责任。比赛中，即使遇到再大困难，他也要坚持跑到终点，只有这样，才是对人民、国家负责。即使他没有获得任何名次，但他的这种责任意识却让人们深深记住了他。

然而，现实生活中，这种时刻把责任放在心中的人并不多，其中也不乏一些初入社会的青少年，他们工作懈怠，马虎了事，以这样的态度面对工作，又怎么能得到重用和提拔呢？

一个少女到东京帝国酒店做服务员，这是她涉世之初的第一份工作。但她万万没有想到，上司竟然安排她洗厕所！上司对她工作质量的要求特别高：必须把马桶抹洗得光洁如新！怎么办？是接受这个工作？还是另谋职业？一位先辈看到她的犹豫态度，不声不响地为她做了示范，当他把马桶洗得光洁如新时，他竟然从中舀了一碗水喝了下去！先辈对工作的态度，使她明白了什么是工作，什么是责任心，她从此漂亮地迈出了职业生涯的第一步，并踏上了成功之路。自然，她清洗的厕所，一向光洁如新，她也不止一次地喝过马桶里的水。几十年一瞬而过，如今她已是日本政府的邮政大臣。她的名字叫野田圣子。

在工作中追求完美，这也是工作责任感的体现。

其实，责任就是颗渺小的种子，一旦把它播种在你的心中，随着时间的推移，它会生根、发芽。要不了多久，它会成为小树苗，最后成为参天大树。经过努力，它会开花，点缀你的人生，最后结果，这是对你尽责任的回报。当你抛弃它，它就始终只是一颗种子；当你在尽责任中放弃了它，那它就会死亡，甚至给你的人生抹上一丝阴霾；如果你在它含苞绽放时，用骄傲拔掉了它，你就会在别人得到果实后而后悔，想要重新尽责任却没时间，更没有机会了。只有你坚持尽到这些责任，努力呵护它们，你的人生才会丰富多彩。所以，无论遇到多大的困难，你都不能抛下责任这颗种子。

一个人如果养成了高度的社会责任心，对国家、对社会和对他人负责，自然也就能摆正个人利益与社会利益的关系，从而达到应有的道德境界。

这个启示告诉青少年，你若想做个真正的男子汉，就要担起各种各样的责任，对此，你需要做到：

1.要学会去帮别人分担一些忧患

当然，这种分担要在自己能够承受的范围内。例如，在家庭里，我们要担当起作为家庭一分子的责任，在班级里要担当学生的责任，在单位要担当员工的责任，在国家要担当公民的责任……

2.做好本职工作，对自己负责

在这个社会上，每个人都扛负着自己的责任。做好自己的本职工作，不仅是对他人负责，更重要的是对自己负责。一个敢于担当的人，才能做好社会赋予的工作，才能达到自我价值的实现。

没有纪律约束，自由就会泛滥

世界上的任何事情都不是绝对的，自由也是；没有纪律的约束，自由就会泛滥成为堕落。生存于社会中的每个人，尤其总是标榜自己需要自由、希望摆脱管制的青少年们，都不要苛求社会和集体给予自己绝对的自由，更不要把纪律当成洪水猛兽那样恐惧。如果你希望获得高度自由，那么，你要做到的就是高度自制。

英国克莱尔公司在培训新员工时，总是先介绍本公司的纪律，首席培训师加培利总是这样说："纪律就是高压线，它高高地悬在那里，只要你稍微注意一下，或者不是故意去碰它的话，你就是一个遵守纪律的人。看，遵守纪律就是这么简单。"的确，青少年们，如果你们稍微倾注心力，就省去了很多抱怨和烦恼，你们不会怨恨纪律严格，也不会讨厌上司的严厉。一个人是能够并愿意做出多种选择的，例如，艰苦奋斗胜于舒适生活；真理胜于错误；正确胜于荒谬。每一项都要求一个人认真考虑和选择，即便是不在别人监视和控制之下，也能懂得什么是正确的，什么是国家所希望的……

青少年，无论你现在从事什么工作、处于什么样的地位，可能你觉得自己会被纪律和规章制度所累，这就是因为你没有从意志上来克制自己，于是，多了一些抱怨，多了一些无奈，多了一些压力……如果你换种状态去面对工作和生活，从意志上排除纪律带来的苦楚，意识到"努力奋斗能排除心中怨恨"，做到自我克制，那么，你的工作效率和人际关系会有另一番景象。

著名的信用担保公司盛达贤集团是这样诠释纪律的：

公司的职员必须遵守公司纪律，就像一个足球队员必须遵守比赛规则一样，犯规是要受罚的，轻者黄牌，重则红牌；公司是一部现代化的机器，它必须按一定的规则动作，任何一位员工必须熟悉和遵守这项规则；守时是纪律中最原始的一种，无论上班下班约会都必须准时，守时即是信用的礼节，公共关系的首环，也是优秀业务员必备的良好习惯；投入也是纪律，上班的每一分钟都必须投入你的工作中，散漫、聊天、旷工都是公司所不允许的；如果你不满意眼前的工作，请向你的上级报告，公司会为你营造富有创造性及满意的工作环境；团结是纪律，破坏团结的言行就是破坏纪律。

青少年，假如你正在为一家企业或者某个单位效力，你做到这些了吗？如果没有，就请记住这几条，并把它们当作自己工作中的信条。当你能做到这些的时候，你会发现，其实你的工作很轻松、很自由！

自制是刚毅的本质，也是性格的灵魂。自制使人充满自信，也赢得别人的信任。无论是谁，只要能下决心，决心就会为他的自制行为提供力量和后援。能够支配自我，控制情感、欲望和恐惧心理的人会更自由、更幸福。否则，不可能取得任何有价值的进步。

当然，要做到自制，不是很容易的事。要循序渐进，切不可急躁。每天给自己制订一个强于昨天的目标，只要达到就是成功，这样会在不知不觉中提高。有以下一些建议，可供参考：

1.加强思想修养

人的自制力在一定程度上取决于他们的思想素质。一般来说，具有崇高理想抱负的人决不会为区区小事而感情冲动，产生不良行为。因此，要提高自制力最根本的方法是树立正确的人生观、世界观，保持乐观向上的健康情绪。

2.提高文化素养

一般来说，一个人的文化素养同其承受能力和自控能力成正比。文化素质比较高的人往往能够比较全面正确地认识事物，认识自我和他人的关系，自觉地进行自我控制、自我完善。

3.稳定情绪

用合理发泄、注意力转移、迁移环境等方法，把将要引发冲动的情绪宣泄和释放出来，保持情绪稳定，避免冲动。

4.要强化自我意识

遇事要沉着冷静，自己开动脑筋，排除外界干扰或暗示，学会自主决断。要彻底摆脱那种依赖别人的心理，克服自卑，培养自信心和独立性。

5.要强化实践锻炼

一方面，要加强学习，积累知识，开阔视野，用知识来武装和充实自己，提高自己分析问题和解决问题的水平，并通过学习别人经验来扩展自己决断事情的能力；另一方面，要积极投身到生活实践中去，刻苦锻炼，不断丰富经验，提高自己的适应能力。

6.要强化积极思维

俗话说：“凡事预则立，不预则废。”平时注意经常思考问题，增强预见性，关键时刻才能及时、果断、准确地做出选择。

第8章

单枪匹马没有力量，合群才是最高需要

整个世界不是孤立存在的，我们总要和周围的人发生各种各样的关系。合作就是互相配合，共同把事情做好。世界上有许多事情，只有通过人与人之间的相互协作才能完成。一个人学会了合作，就获得了成功之门的钥匙。

各取所长，把每个人的力量发挥到最大

古人云：“三个臭皮匠，赛过一个诸葛亮。”这句话很明确地表明了团队合作的意义：团队行动可以达到个人无法独立完成的成就。也就是说，只要团队中的每个人都能充分发挥个人的才智，就能将团队的力量发挥到最大。但这里的充分发挥，很明显，是要各取所长，把每个人的力量发挥到最大。

青少年，你正处于风华正茂的时代，凡事力求表现自己，或许你也有某项特殊的才能，但现代社会，即使能力再强，单枪匹马都很难取得成功。而你只有把自己融入一个团队中，采取合作和配合的方式，并发挥自己的长处为团队效力，你才能在取得团队效益的同时成就自己。

外国有这样一则故事：

一个跳伞运动员不幸在跳伞时被刮住了，跳伞运动员被悬挂在起落架上随风飘浮。这时飞机驾驶员发现了，他想救这个运动员，可是当一个副驾驶员来到机舱外时，不论他怎么割救生伞也割不断，运动员只能被继续悬挂着。为了救这个运动员，驾驶员想方设法也无济于事，最后他们只能带着运动员飞回机场。为了不让运动员在降落时受伤，或者说为了挽回运动员的生命，驾驶员只能降低速度。按平时飞机每小时速度

是80公里，可是为了救运动员，他们只能保持每小时60公里的速度，由于这个速度阻力小弄不好飞机有可能一头栽下去。当飞机在机场上空盘旋时，由于速度过慢，驾驶员已经感受到了飞机的震荡，稍不注意就可能发生危险。此时，驾驶员稳如泰山，他一面握着方向盘，一面聚精会神看着前方。他在观察前方情况，这时他发现跑道前方有一片草地，飞机在这样的地方降落可以减轻摩擦，对保护运动员有好处。然而也有不利因素，如果处理不好仍然会造成机毁人亡，这是一个大胆的想法，不知机下的运动员怎么想的，如果配合不好，即使飞机没有危险他同样会发生意外。这时候最大关键就是密切配合，运动员能否合作成功，生命能否保住，关键就在此一举。就在飞机落地的一瞬间，运动员猛地把自己身子缩小，把头勾起来，他这样做的目的就是不让自己在飞机落地时碰到地面，保护自己不受伤，他的冷静给他带来了生还的希望。飞机成功降落，运动员只感到自己皮肤接触地面相碰时的火辣辣的感觉，虽然受伤，但他还活着。当他看到救他的车辆驶过来时，他兴奋地对救他的人说："我太幸运了！"有人告诉他："不是你幸运，是你们配合得太好了。"

是的，看似最坏的选择，有时会是最好的；看似无法配合的事，有时配合起来十分完美，这就是生活中的逻辑性。类似这样的事生活中极少发生，然而说明了生活中配合与协助的精神是必不可少的。同时，在配合的同时，需要每个人都运用自己最擅长的方法，在这次冒险活动中，如果没有驾驶员对飞机的操作的绝对熟练，没有运动员对身体机能的把握，他们无论如何是过不了这一关的。对这种事，外国电视里也做过报道，而且还进行过实验，结果因为飞机速度把握不好而失败。

飞行如此，其他行业也是如此，都需要这种配合。如果没有配合，没有协作精神，什么事也不会成功。生活中的每个青少年，不仅要意识到合作的力量，更要掌握好如何合作发挥最大效用的方法，也就是各取所长，只有配合完美才能高效合作!

一个人的能力是有限的，只有愿意并善于与人合作，才能够弥补自己能力的不足，进而获得更大的力量，争取更大的成功。

那么，青少年们，怎样才能发挥自己在团队中的最大作用呢?

1.管理好自己

作为团队中的成员，一定要管理好自己，把自己优良的工作作风带到团队中，才能影响到其他成员也尽自己最大的力量为团队效力。

2.高效完成

明确团队工作的目标，掌握好高效率地完成工作目标的方法。

3.保持沟通

和其他成员做好沟通工作，协调好团队成员间的关系。

杜绝个人主义，避免“螃蟹效应”

我们常说，团结就是力量，因为这个时代是一个竞争空前激烈的时代，一个人的力量是十分有限的，即便他是一位出类拔萃的“英雄人物”，也需要一个执行的团队，我们相信海尔只有张瑞敏，华为只有任正非，联想只有柳传志和杨元庆，阿里巴巴只有马云，腾讯只有马化腾的话，这个世界一定不会有他们所在企业的成功！所以，唯有团队的力量才是不可估量的，也是达到成功目标的唯一的能力！在团队工作中，作为成员之一，任何人都要以团队利益为重，不能逞个人之能，过于冒尖和个人主义都是不利于团队合作的。而作为年轻一代的青少年们，无疑，也都想表现自己的才能从而获得认可，但你们要明白，身处团队中的你们，只有团队的辉煌才能带来个人的荣耀，任何以牺牲团队利益为代价的冒尖的最终结果只能是失败。

很多年轻人奉行的做事原则就是个人主义、我行我素，但大多数个人主义者都逃脱不了失败的命运，究其根源是因为他们身上鲁莽的色彩和先天的不足，而如果这些年轻人都能在融入团体之前，先削去自己的棱角，想必也会少走些弯路。我们可能听过这样一个故事：

在篓子里放一只螃蟹，这只螃蟹很快就爬出去了，但如果放进一群螃蟹，就算没有盖子，这群螃蟹也爬不出去，因为只要有一只往上爬，其他的螃蟹便会攀附在它身上，把它拉下来，这就是“螃蟹效应”。在一个团队里，如果成员之间像这些螃蟹一样，为各自利益而互相打压，这个团队永远不可能前进。

这种现象出现在现代社会中的很多企业中，个人主义和逞能行为导致这些团队不能充分发挥效力。为了取得胜利，圆满地完成任务，个人之间就必须全力合作，必须建立强大的团队。团队中所谓的“英雄”也只不过是逞能、争强好胜、善于表现自己的代名词。“事成于和睦，力生于团结。”作为团队的一员，如果无法改变这种情形，要么与团队一起消亡，在沉默中死去；要么奋然反抗，在沉默中爆发。

可能很多青少年会产生疑问，是不是个人在团队中就没有发挥优势的可能了？答案是否定的，因为，任何一个团队都是由个体组成的，每一个最小的个体都代表一个人，每个人自然会有他的个性差异，从而形成自己的个性特点。团队是赞成容忍个性差异存在的，当然应该是在团队整体性统一的基础上的差异。

在一个团队中，只有每个成员都最大限度地发挥自己的潜力，并在共同目标的基础上协调一致，才能发挥团队的整体威力。唯有善于与人合作，才能获得更大的力量，争取更大的成功。既然团队中不能有逞能行为，那么，怎样才能在团队中发挥优势呢？我个人认为应该做到以下几点：

1.和团体保持一致

你必须以团队的利益为自己的利益，以团队的价值观为自

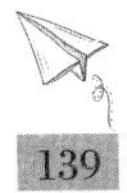

己的价值观，以团队的目标为自己的目标。

2.要努力形成自己的优势

任何一个团队都不可能只要一种人才。各个领域，各种能力的人形成互补的优势越强，团队的竞争力也就越强，成功的希望也越大。因此，团队需要每一个个体都能够有自己的优势，而这种优势最好是团队中其他的个体所不具有的，正好可以弥补团队在某一个领域的不足。

3.要保持谦虚的态度

相信地球离了你照样转。一个人千万注意不要自高自大，要学会谦虚，不仅仅因为谦虚是一种美德，还因为一个人的能力再大都是比较有限的。

所以，每个青少年都要永远记得：任何人都有自己的长处，千万不要因为你有别人没有的能力就目中无人，结果只能让你为这个团队所遗弃，再也没有可以发挥的平台。

平衡好团队与个人的关系

关于“利益”一词，人们似乎会认为它本身就是个矛盾体，认为团队利益与个人利益之间有着不可调和的矛盾。但实际上，并不是如此，作为团队中的个体，个人利益并不需要在牺牲团体利益的基础上才能实现。现实生活中的每个青少年，不管你多么优秀，如果不是单打独斗而是一个团队一员的话，你所有的行为都应该对团队负责，决不能有伤害团队利益的行为，因为，团队才是让你依靠的平台，你和它的关系就如高楼大厦与地基一样，如果没有土地的支撑，你将无法屹立在地面上，更不可能成为人们欣赏的风景。所以，你的一切言行都必须以团队的利益为利益的基础，以团队的价值观为个人价值观的基础，以团队的目标为个人目标的基础，然后在这些基础上发挥优势。也就是说，真正的团队成员，要做到忘记“小我”，心中只有一个“大我”。

同样，生活中的青少年，如果你所在的团体中的每个人都能把精神心力百分之百地用在工作上，而不把它分散在相互倾轧和彼此对立、互相掣肘上，这个公司的工作效率一定很高。而且，大家精神一定愉快，意志一定集中。即使物质条件差一点，成绩也不会因此而降低。

而事实上，现代社会的很多年轻人，在职场中普遍表现出自负和自傲，使他们在融入工作环境方面显得缓慢和困难。他们缺乏团队合作精神，例如，自己做项目，不愿和同事一起想办法，每个人都会得出不同的结果，最后对公司一点儿用也没有。

曾经有这样一个寓言故事：

有人想知道什么是天堂和地狱。上帝带他走进地狱：一群人围着一大锅肉汤，却个个骨瘦如柴，因为每个人手上有一只手柄比手臂还长的汤勺，够得到锅却不能将汤送到嘴里。只能望“汤”兴叹；而天堂，同样是一间房、一锅汤、一群人，一样长柄的汤勺，但人人满面红光，快乐地唱着幸福的歌，“为什么地狱的人喝不到肉汤，而天堂的人喝得到呢？”上帝微笑着说：“很简单，这里的人都会喂别人。”

的确，如果团体中的每个人都对所在的公司缺乏强烈的归属感，以自己的利益为上，总是不思进取、放任自流，只想回报，不愿付出，那么，他也不会得到任何团队给予的回馈。因为一个人的成功不是真正的成功，团队的成功才是最大的成功。反过来说，一个团队，一个集体，对一个人的影响十分巨大。善于合作，有优秀团队意识的员工，整个团队也能带给他无穷的收益。一个个体要想在工作中快速成长，就必须依靠团队，依靠集体的力量来提升自己。

个人利益与集体利益并不冲突与矛盾，而是相辅相成的，作为团体中的一员，在保证了团体利益实现的同时，个人价值与能力也会得到提升。

那么，青少年们，该如何做到在团队利益和个人利益之间达到均衡呢?

1.发挥个人优势，为团队尽心尽力

团队中的每个人都有自己的缺点，但也都有个人优势。如果你想为团队效力，取决于你有没有能力，也就是优势，如组织能力、协调能力、公关能力、谈判能力、技术能力、执行能力等，如果你有，并且是别人没有的独有的能力，那么，你在团队中的优势就显而易见。

2.要知道什么时候发挥，要善于等待和创造机遇

也就是说，要善于等待机会，该显本事的时候才显，不该显的时候不要强行“逞能”，否则，急于求成不仅不能达到目标，反而会给自己带来不必要的误解，有人把这称为“不识时务”。所以，知道在什么时候发挥很重要。

当然，这样说并不是要你采取被动的消极等待，而是应该有计划有目的的积极等待，不仅要善于捕捉一闪即过的“灵光”——机遇，而且，还应善于创造机会，表现自我的能力，展现自己的优势。当然，这主要取决于你对团队未来走向的分析，你对大局的掌控能力和处理问题的经验。

近水楼台先得月，主动向领导取经

身处这样一个激烈竞争的时代中，每个青少年要想保持竞争优势，就要有“比他人学得快的能力”。而与上级沟通，你就可以变得更优秀，获得更多成功的机会。每个好下属都不会错过这样的学习机会，他们会从上级的一言一行、一举一动中观察处理事情的方法。

向上级学习，不是因为他是上级，而是因为他优秀。上级之所以能成为上级，一定有他的过人之处。在一个单位中，上级往往是最大的风险承担者，除了要应对外界的竞争，他们还要打理方方面面的关系。可以说，领导面临的压力是普通员

工所无法想象的，从这个角度上说，领导都是最优秀的。单凭这一点，就值得每个普通的青少年去学习和效仿。要学习，就需要你主动与上级沟通，身处繁忙事务中的上级不可能做到关注每个下属的动态；同时，你主动沟通，也体现了你积极上进的工作和学习态度。一般情况下，上级都乐于向你传授经验和教训。

有两个年轻人去一家公司应征。第一位前去拜访的名叫杰瑞，面谈结束后他用一种厌恶的口气说："这个老板实在是太苛刻了，他居然只肯给月薪400美元，这样的老板我跟着他干什么？不干！"最后换了一家公司，月薪600美元。

后来去的年轻人名叫汤姆，尽管开出的薪水也是400美元，尽管他同样有更多赚钱的机会，但是他却欣然接受了这份工作。有人问他为什么不换一家待遇更好的，他说："我对老板的印象十分深刻，我觉得只要能从他那里多学到一些本领，薪水低一些也是值得的。从长远的眼光来看，我在那里工作将会更有前途。"

四年后，第一位年轻人只能赚到年薪8750美元，那家公司最初给出的年薪是7200美元，相对来说，实在没有高出多少。而最初薪水只有4800美元的汤姆呢，现在的固定薪酬是20000美元，另外还有红利。

这两个人的差异到底在哪里呢？杰瑞被最初的赚钱机会蒙蔽了，而汤姆却基于能学到东西的观点来考虑自己的工作选择。聪明的下属就像汤姆这样，不放过向领导学习的机会，因为他们深深懂得，遇上一个好领导可以让人受益无穷，其价值远胜于一次发财获利的机会。错过这样的机会，实在是一种莫大的遗憾。

与上级沟通，向上级学习，那么你做事会更尽心尽力，你更会得到上级的欣赏。像上级一样思考，你就会主动去考虑企业的成长，考虑企业的费用，你会感觉到企业的事情就是自己的事情。你知道什么是自己应该去做的，什么是自己不应该做的。否则，你就会得过且过，不负责任，认为自己永远是打工者，企业的命运与自己无关。这样，你也不会得到领导的认同和器重，你也将难逃打工仔的命运。

对新入职场的青少年来说，工作和生活的经验都很匮乏。此时，许多工作事宜对新员工而言，都有赖于他人教导，都必须认真学习。刚进入公司，就是自我成长、努力学习的阶段。所谓“近水楼台先得月”，你绝不要放过向身边的领导学习待人接物以及工作技巧的机会，如果你能够经常以积极、谦虚的态度来请教上级，他也必然乐于慷慨相助。

当然，上级也不是神，他也有缺点，有不足，甚至会令人不快。但是，他的成功，一定是因为他具备我们还没有的特质，发现了他的这些特质，就应该虚心学习，这样我们就能吸收到各种对自己的职业成长有益的养分，使我们避免走很多弯路，使我们不断汲取前进的知识和技能，最大限度地激发自我潜力，使我们的事业更成功。

每个人都应在合适的范围内，寻找能弥补自己弱点及不足

地方的老师。老师的经验及智慧是我们赶超别人、实现自我的捷径。

那么，可能有些青少年会产生疑问：该怎样与上级主动沟通呢？为此，你需要掌握以下三个原则：

1.学习欣赏上级的优点

这就需要你在沟通中找出对方的优点，显示出发自内心的赞叹，给以总结性的高度评价。欣赏使沟通变得轻松愉快，它是良性沟通不可缺少的润滑剂。

2.关心绩效

任何一个上级，都是单位利益的代表，关心绩效会体现出你对单位利益的关心，更容易赢得好感。

3.多倾听

在对方倾诉的时候，尽量不要打断对方说话，大脑思维紧紧跟着他的诉说走，要用脑而不是用耳听。

伟大只不过是谦逊的别名

俗话说“金无足赤，人无完人”，无论是谁，都有优点、长处，也都有缺点、短处，只有虚心向别人学习，做到取人之长补己之短，我们才会有进步。古有“三人行必有我师焉”的名言，尽管不是所有人都能做老师，但每个人身上都有值得学习的地方，因此我们应该谦虚地“向他人学习”。生活中，有这样一些青少年，在他们的眼里，谁都不如自己，目空一切。也许他们是有很多过人之处，但任何人都不是全才，如果停止了学习的脚步，就会故步自封，止步不前，甚至被社会淘汰。而只有取人之长补己之短，才能做到不断完善自己，少走很多人生的弯路。

青少年，你可能会觉得自己在某个方面比其他人强，但你更应该将自己的注意力放在他人的强项上，只有这样，你才能看到自己的肤浅和无知。谦虚会让你看到自己的短处，这种压力会促使你在事业中不断地进步。实际上，历史上有许多杰出的人士都非常注重向别人学习。

洪堡是德国著名的探险家、自然科学家，是近代气候学、自然地理学、植物地理学和地球物理学的创始人之一，他对生物学和地质学也有很深的造诣，在科学界享有极高的声誉，被当时的人们尊为“现代科学之父”。

尽管如此，洪堡却是一个十分谦逊的人。他尊重别人，从不自满，直到晚年还刻苦学习。在柏林大学的一间教室里，每当著名的博克教授讲授希腊文学和考古学的时候，课堂里总是挤满了学生。在这些青年学生中间，人们常常会看到一位身材不高、穿着棕色长袍的老人。这位白发苍苍的老人也像别的学生一样，全神贯注地听课，认真地做着笔记。晚上，在里特教授讲授自然地理学的课堂里，也经常出现这位老者的身影。有一次，里特教授在讲一个重要地理问题时，引用了洪堡的话作为权威性的依据。这时，大家都把敬佩的目光投向这位老人。

只见他站起身来，向大家微微鞠了一躬，又伏身课桌，继续写他的笔记。原来，这位老人就是洪堡。

洪堡曾说过：“伟大只不过是谦逊的别名。”他正是这样一位谦逊的伟人。越是有成就的人，越是深知谦虚学习的重要性，“梅须逊雪三分白，雪却输梅一段香”，一个人要想真有长进，不仅需要谦逊，而且还要有雅量，要放下架子，不耻相师。伟人尚且能做到如此，那么，平庸的我们呢？生活中的青少年们呢？是否也应该反省一下，找出自己的不足，然后通过学习加以弥补呢？

前世界首富也就是美国华顿公司的总裁山姆·沃尔顿，他创立了沃尔玛企业，资产已经超过了250亿美元，他的家族现在是世界上最有钱的家族之一。山姆·沃尔顿以前就会不断地去考察竞争对手的店面，不断地想办法找出到底哪里做得比自己好？回去之后就问自己，以及对自己的员工说：那我们要如何做得比竞争对手更好？我们到底有哪些服务不周的地方需要改善？

每一个人都必须非常了解自己的优点和缺点，同时不断地改正自己的缺点，这样成功的概率就会更大。

一个人的知识和本领总是非常有限的，所以，应该谦虚一些，多向别人学习。不自夸的人会赢得成功；不自负的人会不断进步。而我们不缺乏学习，而是缺少发现，这取决于我们用什么眼光、从什么角度去看待每个人。

青少年，你该怎样有效地向他人学习呢？这要求你做到：

1.树立正确的观念

这样才能学得自觉，学得长久，提高能力素质。实践告诉我们，善借外智，才能思路开阔；善借外力，才能攀上高峰，一个国家和民族才能兴旺发达。否则，结果只能有一个：停滞不前。

2.保持谦虚谨慎的态度

“三人行，必有我师”，要善于取人之长，补己之短。不懂、不会，要不耻下问，切忌不懂装懂，掩耳盗铃，自欺欺人；待人接物要礼让谦恭，用谦虚的态度博得他人的认可，在与人交往中不断提升自己的水平。

3.要有持之以恒的精神

三天打鱼，两天晒网的学习是不能达到令人满意的效果的。向他人学习，必须从不自满开始，无论取得多好的成绩，也不能停止学习。

4.学贵在用

向他人学习，归根到底是为了提高自己。学习他人的经验，学习他人的智慧，学习他人的教训，学习他人一切可以借鉴的东西。

随着社会的不断发展，人人都在不断向前迈进。年轻人就要谦虚，学无止境，只有放下“架子”，丢掉“面子”，虚心地向他人请教，见先进就学，见好经验就学，才能不断提高，不断进步，实现自己的人生理想与追求。

第9章

要想比别人优秀，只有在每件小事上下功夫

一只生活在亚马逊河流的蝴蝶可能仅扇动了几下翅膀，便会在一段时间后引起美国得克萨斯州的一场龙卷风。生活中，一些微妙的细节会引起大的反应，我们应该注重生活的细节，规避错误，让每个细节臻于完美，才能更好地成就自己。

从小事做起，从细节着手

有人说："好习惯成就好人生！"如果把人生比作金字塔，构成金字塔的恰恰是每件小事及做事的细节，而这就是习惯。老子曾说："天下难事，必做于易；天下大事，必做于细。"这句话精辟地指出了想成就一番事业，必须从简单的事情做起，从细微之处入手。一心渴望伟大、追求伟大，伟大却了无踪影；甘于平淡，认真做好每个细节，伟大会不期而至。这也证明了点滴的细节孕育出了巨大的成功这一道理。也就是说，年轻一代的青少年们，要想拥有幸福人生，就得从小事做起，从细节着手，关注生活中的每个细节。认真做事只是把事情做对，用心做事才能把事情做好，在这个细节制胜的时代，任何一件事都是做出来而不是喊出来的，特别是在工作岗位上的员工更要把小事做细。

一切的成功者都是从小事做起，无数的细节就能改变生活。成功者之所以成功，在于他们不因为自己做的是小事而有所懈怠。如果你要问谁是这个世界上最富有的人？是比尔·盖茨吗？不！不是，而是罗伯森·沃尔顿先生。

20世纪60年代，在美国兴起了众多的零售商店，经过40多年的摸爬滚打，沃尔玛从美国中部阿肯色州的本顿维尔小城崛起，到目前为止，沃尔玛商店总数达到4000多家，年收入2400多亿美元，列全球500强首位，创造了一个又一个神话。沃尔玛几十年来蒸蒸日上，而且不断扩张。沃尔玛成功的秘密就在于它注重细节，从细节中取胜。

“视纸如命”：有一天，沃尔玛总裁山姆·沃尔顿在一家店面巡视，看到一位店员正在给顾客包装商品，随手把多余的半张包装纸、长出来的绳子扔掉了。山姆·沃尔顿微笑着说：“小伙子，我们卖的货是不赚钱的，只是赚这一点节约下来的纸张和绳子钱。”另外，沃尔玛从来没有用专业的复印纸，都是废报告纸背面；除非重要文件，沃尔玛从来不用专门打印纸；沃尔玛的工作记录本，都是用废报告纸裁成的。

注意顾客需要的细节：沃尔玛开业之初不在任何一个超过5000人的城镇上设店，保障其以绝对优势成为小城镇零售业的支配者。沃尔玛创始人山姆·沃尔顿说：“我们尽可能地在距离库房近一些的地方开店，然后，我们就会把那一地区的地图填满；一个州接着一个州，一个县接着一个县，直到我们使那个市场饱和。”从20世纪80年代末到90年代初，沃尔玛开始进军城市市场。

沃尔玛的成功，可以归结为两个字：细节。而有很多人，不屑于做具体的事。殊不知，能把自己所在岗位的每一件事做成功，做到位就很不简单了。不要以为董事长比普通职员好当。有其职就有其责，有其责就有其忧。如果力不及所负，才不及所任，必然祸及己身，导致混乱。所以，重要的是做好眼前的每一件小事。所谓成功，就是在平凡中做到不平凡的坚持。

如果你想使自己达到卓越的境界，那么你今天就可以达到。不过你得从这一刻开始，摒弃对小事无所谓的恶习才行。事实上，会利用机会的人，往往不是那些把机会奉为神明的人，他们从没把希望寄托在机遇上，他们知道，大事业是从小处开始的，他们明白，一砖一木垒起来的楼房才有基础，一步一个脚印才能走出一条成功的道路。

塑造自我的关键是甘做小事，不能一蹴而就，是一个循序渐进的过程。成功是由一个个小目标，一次次小进步累积而成的。一个人要有伟大的成就，必须天天有些小成就。

要做好点滴的积累，青少年，你需要明确以下几点：

1.相信自己，正视开端

任何大的成功，都是从小事一点一滴累积而来的。没有做不到的事，只有不肯做的人。想想你曾经历过的失败，当时的你真的用尽全力试过各种办法了吗？困难不会是成功的障碍，只有你自己才可能是最大的绊脚石。

2.扎实的基础是成功的法宝

很多青少年不满意现在的工作，羡慕明星、大款或者成功人士，不安心本职工作，总是想跳槽。其实，没有过硬的本领，就不应有这些妄想。我们还是多向成功之人学习，脚踏实地，做好基础工作，一步一个脚印地走上成功之途。

3.实干才能脱颖而出

那些充满乐观精神、积极向上的人，总有一股使不完的

劲，神情专注，心情愉快，并且主动找事做，在实干中实现自己的理想。

4.不为薪水而工作

想要获得成功，实现人生目标，就不要为薪水而工作。当一个人积极进取，尽心尽力时，他就能实现更高的人生价值。

5.用心做事，尽职尽责

以积极主动的心态对待你的工作、你的公司，你就会充满活力与创造性的完成工作，你就会成为一个值得信赖的人，一个老板乐于雇用的人，一个拥有自己事业的人。

6.对待小事也要倾注全部热情

倾注全部热情对待每件小事，不去计较它是多么的“微不足道”，你就会发现，原来每天平凡的生活竟是如此的充实、美好。

平庸和杰出的差距就在一些细节中

古今成大事者，没有人生来就是伟大和成功的。不论多么远大的理想，都需要一步步实现；不论多么浩大的工程，都需要一砖一瓦垒起来。平庸和杰出的差距就在一些细节中。这是一个细节制胜的时代，每个青少年，无论你现在从事什么，要想成功，就要把握现在，对于自己的工作无论大小，都要了解得非常透彻，数据应该非常准确，事实也应该非常清楚，这样才能脚踏实地实现宏伟的目标。

诚然，世上不可能有真正的完美，但无论企业也好，人也好，都应该有一个追求完美的心态，并将其作为生活习惯。无论你有怎样辉煌的目标，如果在某一个环节连接上，某一个细节处理上不能够到位，都会被搁浅，而导致最终的失败。而生活中，一些青少年，虽然有远大的目标，但在具体实施时，由于缺乏对完美的执着追求，事事以为“差不多”便可，结果是：由于执行的偏差，导致许多“差不多的计划”到最后一个环节已经变得面目全非。

每个青少年都有个远大的理想，但如果你想要实现它，就应当无时无刻地不使自己处于一种思考和锻炼之中。

有一位伟大的哲学家叫苏格拉底，许多人都慕名来向他学习，都希望能成为像他一样的大哲学家。

有一次，学生问：“老师，我们怎样才能成为像您一样的大哲学家呢？”苏格拉底说：“很简单，只要每天甩手300下就可以了。”有的学生说：“老师，这太简单了，别说是甩手300下了，就是3000下、30000下也可以啊！”苏格拉底笑了笑，没有说话。

一个月过去了，苏格拉底问：“有多少同学每天坚持甩手300下啊？”很多学生都骄傲地举起了手，大概有90%的人坚持着。又一个月过去了，苏格拉底又问：“还有多少同学在坚持啊？”这回只有80%的人举起了手。就这样一个月一个月地过去了，一年以后，苏格拉底又问：“还有同学在坚持每天甩手300下吗？”很多同学都你看我我看你，只有一个同学举起了手，他的名字叫柏拉图，他后来也成了像苏格拉底一样的大哲学家。有人问他成功的秘诀是什么，柏拉图微笑着说：“甩手，而且甩得足够久……”

这个故事告诉我们，要想成就一番大事一定要从小事做起，没有人生下来就是伟大的。每天坚持做同一件小事也很不容易，就像每天甩手300下，一个月大部分人能坚持，一年过去了却只有一个人能坚持。只有学习柏拉图这种坚持不懈的精神，才能成为像他和苏格拉底一样做成大事的人。那种大事干不了、小事又不愿干的心理是要不得的。小到个人，大到一个国家，它们的成功发展，正是来源于平凡工作的积累。没有人可以一步登天，当你认真对待每一件小事，你会发现自己的人生之路越来越广，成功的机遇也会接踵而来。

将任何有意义的事情做好，是你成功的预示。因为你比别人付出多，你在实际工作中也比别人想得更周到。成功绝非朝夕之功，凡事必须从小事做起。记住：你不会一步登天，但你可以逐渐达到目标，一步又一步，一天又一天。别以为自己的步伐太小，无足轻重，重要的是每一步都踏得稳。

成功者之所以成功，在于他们不因为自己做的是小事而有所倦怠。从一粒沙里，可以看到一个世界！只要将每一件事情，哪怕是再小的事情都做好，我们终将获得整个世界，所有的成功与荣誉都会随之而来。

那么，青少年们，在追求成功的过程中，该做好哪些方面的积累呢?

1.积累自信

要想成为一个优秀者，首先必须自信，这是成就事业的基础。只有自信，你才能拥有比较阳光的心态；只有自信，你的思维才能较为敏捷。

2.随时迎接机遇

机遇只会青睐有准备的头脑，这就要求你必须完善自身素质。从一定意义上来说，在做好积累与把握宏观上，是没有冲突的。所以，你必须具有远大的眼光和前景预测能力，鼠目寸光的人是成功不了的。你必须博览知识，因为这个世界本来就处于联系之中，不要把自己孤立起来，广泛的知识有助于你客观而周到地分析、决策问题。

3.积累智慧

一切智慧的拥有，无非是在这个基础上更加努力地思考而已。可以说，做事情就是做细节，任何细微的东西都可能成为“成大事”或者“乱大谋”的决定性因素。

的确，没有人生来就是伟大的，没有人可以不做小事就直接做大事，就像走路，一小步看起来是那么不起眼，但走得久了，你会发现自己居然走过了那么长的路！那么，你还等什么呢？从现在就开始，从小事做起，坚持一步一个脚印，最后成功一定会属于你！

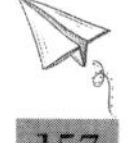

步步为营，严谨行事

古人云：“凡事预则立，不预则废。”大到国家，小到个人，做事时都必须要有计划性，只有做到缜密行事、步步为营，才能让事情多一份胜算。大凡要把一件事情做好，一般要经历资料收集、深入调查、分析研究、最终下结论这样一个过程。但生活中，年轻一代的青少年们，却始终改不了毛糙的毛病，在面临一项工作时，有的人思路紊乱，东拉西扯，始终是稀里糊涂；有的人喜欢走捷径，工作不踏实；有的人照抄照搬，没有分析。结果只能是事情做不到尽善尽美。而长此以往，也就形成了一些不良的行事习惯，成功更加遥遥无期。

可能很多青少年认为，工作中出现的一些小问题，怎么会影响到大局呢？的确，只是一些细节、小事上做得不完全到位，但恰恰是这些细节的不到位，又常常会造成较大影响。对很多事情来说，执行上的一点点差距，往往会导致结果上出现很大的偏差。很多执行者工作没有做到位，甚至相当一部分人做到了99%，就差1%，但就是这点细微的区别使他们在事业上很难取得突破和成功。

曾经，有位管理专家一针见血地指出，从手中溜走1%的不合格，到用户手中就是100%的不合格。为此，员工要自觉地由被动管理到主动工作，让规章制度成为每个职工的自觉行为，把事故苗头消灭在萌芽之中。也曾有位商界名家将“做事没有条理”列为许多公司失败的一大重要原因。

没有条理、做事没有秩序的人，无论从事哪一种事业都没有功效可言。而有条理、有秩序的人即使才能平庸，他的事业也往往会有相当的成就。

每一个青少年心中，都有一个伟大的梦想，但成功并不是一蹴而就的，没有人能随随便便成功，这就要求你形成严谨的工作作风。工作没有条理，同时又想把蛋糕做大，这是不可能的。只有步步为营、严谨行事，才能使工作更有条理、更有效率。由于你处事不得当、工作没有计划、缺乏条理，因而浪费了精力后还是无所成就。

拿破仑是一位传奇人物，这位军事天才一生之中都在征战，曾多次创造以少胜多的著名战例，至今仍被各国军校奉为经典教例。然而，1812年的一场失败却改变了他的命运，从此法兰西第一帝国一蹶不振，逐渐走向衰亡。

1812年5月9日，在欧洲大陆上取得了一系列辉煌胜利的拿破仑离开巴黎，率领浩浩荡荡的60万大军远征俄罗斯。法军凭借先进的战法、猛烈的炮火长驱直入，在短短的几个月内直捣莫斯科城。然而，当法国人入城之后，市中心燃起了熊熊大火，莫斯科城的四分之一被烧毁，6000多幢房屋化为灰烬。俄国沙皇亚历山大采取了坚壁清野的措施，使远离本土的法军陷入粮荒之中，大批军马死亡，许多大炮因无马匹驮运不得不毁弃。几周后，寒冷的天气给拿破仑大军带来了致命的诅咒。在饥寒交迫下，1812年冬天，拿破仑大军被迫从莫斯科撤退，沿途大批士兵被活活冻死，到12月初，60万拿破仑大军只剩下了不到1万人。

关于这场战役失败的原因众说纷纭，但谁又能想到竟是小小的军装纽扣起着关键的作用呢。原来拿破仑征俄大军的制服，采用的都是锡制纽扣，而在寒冷的气候中，锡制纽扣会发生化学变化成为粉末。由于衣服上没有了纽扣，数十万拿破仑大军在寒风暴雪中形同敞胸露怀，许多人被活活冻死，还有一些人得病而死。

拿破仑的失败，正验证了人们说的“成也细节，败也细节”。细节就好比是精密仪器上的一个细微的零部件，虽然只是一个细小的组成部分，但是却起着重要的作用，一旦这个“零部件”出错，那就意味着全盘皆输。

生命中的大事皆由小事累积而成，没有小事的累积，也就成就不了大事。人们只有了解了这一点，才会开始关注那些以往认为无关紧要的小事，开始培养自己做事一丝不苟的美德，力争成为深具影响力的人。

这一启示告诉青少年，要想走好成功路上的每一步路，你需要做到：

1.制订完善的计划和标准

要想把事情做到最好，你心中必须有一个很高的标准，不能是一般的标准。在决定事情之前，要进行周密的调查论证，广泛征求意见，尽量把可能发生的情况考虑进去，尽可能避免出现1%的漏洞，直至达到预期效果。

2.做事要有条理有秩序，不可急躁

急躁是年轻人的通病，但任何一件事，从计划到实现的阶段，总有一段时间的存在，也就是需要一些时间让它自然成熟的意思。假如过于急躁而不愿等待的话，经常会遭到破坏性的阻碍。因此，无论如何，我们都要有耐心，压抑那股焦急不安的情绪，才不愧是真正的智者。

用心去做，小事能做成大事

何为成大事者？通常意义上说，成大事者，就是以国家为重、江山社稷为重或以民族利益为重的人，或者应该是为百姓谋福利，为社会做贡献的那些人。抑或是在事业上有一番成就的人。但这里的“成大事”，并不是说要脱离生活实际，一门心思钻研怎么“高瞻远瞩”，而是要从细节入手，做好点滴的积累。但奇怪的是，我们的生活中，不乏以“成大事者不拘小节”自居的人，他们生活中不注意细节、分寸，做事随便马虎、应付了事，但很明显，他们最终不但成不了大事，连小事也没有做好。

为成功奋斗的青少年们，一定要摒弃“成大事者不拘小节”的狭隘观念，我们常说“一屋不扫，何以扫天下”，古之成大事者，不唯有超世之才，亦必有坚忍不拔之志。用心去做，小事能做成大事，随便去做，大事会变成小事。

小事成就大事，细节成就完美。在小事上认真的人，做大事一定成绩卓越。因为细节最能体现一个人的智慧和美德。完美的细节代表着永不懈怠的处世风格，也是一个人追求成功的资本。而如果小事做不好，很有可能会耽误大事。一些根本就不起眼的小节，很有可能就是你成就大事的绊脚石。一心渴望伟大、追求伟大，伟大却了无踪影；甘于平淡，认认真真地做好每个小节，伟大往往会不期而至。

刘备在给阿斗的遗言中说："勿以善小而不为，勿以恶小而为之。"成大事者要有原则，违反原则的即使是小节也要拘。有人把"不拘小节"当成自身开脱的"万金油"，只要出现失败，就把错误归咎于"不拘小节"。

有一篇这样的报道：一个十分有才能、政治目标很远大的美国青年，他从普通员工一下子升到主任，又升为经理，还升为董事长，当时只有35岁，凭他的才能被推荐参选国会议员。大家都认为他必定成功之时，他却在参选会上的讲话后没有鞠躬，而大家都认为这非常重要，尽管在参选会上的演讲十分精彩，如龙飞凤舞般。但只是一个小小的鞠躬，却导致了他最后的失败。

而相反，有一位平凡的应聘者却因为叫出了学生的名字而成功被录用：

某学校招聘教师，要通过试讲从几名应聘者中选出一名。几位应试者都做了精心的准备。

铃声响了，一个个试讲者陆续微笑着走上讲台。师生互相致意后，开始讲课。导入新课、讲授正文、总结概括、复习巩固……各项工作进行得还算顺利。为了避免满堂灌，有一个试讲者也效法前面几位试讲者的做法，设计了几次并不高明的课堂提问，但效果一般。下课时，比较自己与前几名试讲者的效果，这名试讲者估计自己会输。

谁知，第二天他就接到被录取的通知。惊喜之余，他问校长为什么选中了他。“说实话，论那节课的精彩程度，你还稍逊一筹。”校长微笑着说，“不过，在课堂提问时，你叫的是学生的名字，而他们却叫学号或用手指。试想，我们怎能录用一个不愿去了解和尊重学生的教师呢？”

叫学生的名字而不是用学号或用手指，事情虽小，却反映了讲课者对学生的尊重，体现了一片爱心。同时，对于应试者来说，记住学生的名字，也是一种应试准备，而且是更精细的准备。正是这种细节上的准备，使他与其他应试者区别开。

细节决定成败，只有拘小节者才能成大事。我们都知道瑞士手表靠精工细作而享誉天下，德国人严谨细致的作风更是广为流传。德国企业正是凭着审慎严谨、一丝不苟的做事风格，成就了戴姆勒、西门子、大众等世界级企业巨头，同时也打造了“德国制造”这个几乎成为产品品质保证代名词的品牌。

小节并非小事，“失之毫厘，谬以千里。”万分之一真的不算大，但如果忽略了它，带来的损失可能是巨大的。没有人拒绝完美，当你完成一件事情的万分之九千九百九十九的时候，为什么不去锦上添花完成那最后的万分之一呢？

那么，青少年们该如何从小事做起，从而成大事呢？

1.改变观念，不要好高骛远

任何行动都需要信念的支持，你要想从小节开始入手为成功准备的话，就必须认识到小节的重要性。

2.不能怨天尤人

有专于事业的人都会全身心投入事业，他们不为失败而苦恼，不因困境而失望，坚忍不拔，不屈不挠，不会中途而废。遇到困难，或面对似乎难以逾越的障碍，他们总是坚忍不拔地去突破困境。经历了一次次沉重的打击，其他人都已感到希望渺茫，但他们还是有勇气坚持下去。因为他们内心清楚，只要坚持下去，希望就在前面。

3.要谨慎为人

审慎行事的人，做事一般都会有比较好的成果；而不够审慎的人，或者取得成绩之后就热血沸腾而放弃了审慎的人，其事业就很可能以失败告终。

第10章

朝新的道路前进，而不要跟随踩烂的路

对于创新来说，方法就是新的世界，最重要的不是知识，而是思路。一个好的创意灵感就来自这些积累，通过积累，思维还可以创新与延伸。开拓思路，积极进取，创新就是离开常走的大道，潜入森林，就会发现前所未见的东西。

跳出思维框架，得到异乎寻常的答案

生活中，我们可能都有这样的经历：我们习惯于从茎窝凹处切分苹果，若不改变切法，不管切多久，都不会有新奇的发现；若横切一刀，你就会发现：苹果核竟显示出清晰的五角星状。同样，我们看待一件事也是如此，如果转换个角度看的话，会看到完全不同的世界。事实上，无论做什么，都要有灵光的头脑，善于创造性思考，不能钻牛角尖。这条路走不通，不妨另走一条，多一条路多一道风景。思维一变天地宽，勤思考，善于逆向、转向和多向思维的人，总能找出解决问题的方法，总能花最少的工夫，达到最满意的效果。现代社会，青少年，无论你现在从事什么，都要头脑灵活，培养自己多角度看问题的能力。对于一个问题，找出的答案越多越好。

生活中，有些事情看似不可思议，看似复杂难解，但只要换一个思考问题的角度，跳出习惯的思维框架，就会得出异乎寻常的答案。

“牛仔大王”李维斯年轻的时候，带着梦想前往西部追赶淘金热潮。一日，突然间发现有一条大河挡住了他往西去的路。苦等数日，被阻隔的行人越来越多，到处是怨声不断。而心情慢慢平静的李维斯突然有了一个绝妙的创业主意——摆渡。由于大家急着过河，所以没有人吝啬坐他的船，很快地，他人生的第一笔财富居然因大河挡道而获得。

渐渐地，摆渡生意开始清淡。李维斯决定继续前往西部淘金。来西部淘黄金的人很多，但卖水的人却没有，所以，水在这个地方成了最珍贵的东西。不久，他卖水的生意便红红火火。后来，同行的人也越来越多。终于有一天，在他旁边卖水的一个壮汉对他发出通牒："小伙子，以后你别来卖水了，从明天早上开始，这儿卖水的地盘归我了。"他以为那人是在开玩笑，第二天仍然来了，没想到那家伙立即走上来，不由分说，就对他一顿暴打，最后还将他的水车也一起拆烂。李维斯不得不再次无奈地接受现实。然而当这家伙扬长而去时，他却立即又有了一个绝妙的好主意——把那些废弃的帐篷收集起来，洗干净后，缝制成衣服，那样一定会有人愿意买。就这样，他缝成了世界上第一条牛仔裤。从此，一发不可收拾，最终成为举世闻名的"牛仔大王"。

聪明的人总是能不断寻找成功的机遇，即使在困境中亦是如此，因为他们从不因眼前的现状而停止思考，李维斯的成功就说明了这个道理。换个角度思考，才会有创造。在顺境中多思考，我们能保持清醒的头脑、稳健前进的脚步；在逆境中多思考，我们会找到失败的症结，踏上通往成功的道路。

青少年，当提到铅笔的用途时，你能想到些什么呢？可能你会说"书写"，这只是铅笔的通常用途，但实际上，你至少可以得出这样多的答案：绘画、当发簪、做书签、当尺子画线、它削下的木屑可以做成装饰画、削尖的铅笔还能作为自卫的武器……所以，千万不要以为铅笔只有一种用途——写字。这就考验了你的思维能力。不能做到转换思维思考问题，正是你不断尝试却不断失败的原因所在。

在人生的旅途上，不仅需要信心、激情和坚韧，还需要清醒的头脑，需要理智地经营。跌倒的时候，先别急着爬起来，不妨看看是什么绊住了自己。只有找到摔倒的缘由，才能不再重蹈覆辙，避免更大的失败。

同样，在心境上，你也可以尝试换个角度看待现状。生活中，谁都会遇到这样或那样的不如意，换个角度看待，很快就能调整好心态。这样，看到的不仅是希望，收获的更会是快乐。一位伟人曾说过："要么你去驾驭生命，要么生命驾驭你，你的心态决定了谁是坐骑，谁是骑师。"人活一世，一定要将自己定位在骑师的位置，遇到艰难与挫折时，换个角度，以一个良好的心态待人处世，可以把生命的舞台演绎得更加精彩。因为世间许多事就如同硬币，有正反两面。当我们抛到自己不喜欢的一面时，不妨静下心来，告诉自己：再试试吧，也许你就能找到自己喜欢的那一面了。上帝给予每个人眼睛，但并不给予你方法，如果想通过生活的考验，不妨换个角度试试！换个角度看问题，会使你多一些智慧，少一些鲁莽。拥有它，会使你的生活多一些顺畅，少一些坎坷。学会它，你会受益终生。

每个人都希望自己做事能有一个好的角度，从而把事情做得尽善尽美。好的角度，当然是从思维而来。只有运用头脑，积极思考，转换思路，不断寻找出新的做事方法，你才能够发现、创造更多的机会，实现自己的目标，改变自己的生活。

从这一启示中，青少年们应该有所收获。那么，不妨做到以下几点：

1.激发好奇心，主动发现问题

在生活中看见某种现象，你不妨问问自己为什么会是这样，而不是那样？喜欢推究想象事情的前因后果是一种爱好，也是提高全面看问题能力的好方法，用不间断的思考来丰富自己，加深自己的生活阅历。在工作和学习上，对任何事情都要带着疑问，尽量满足自己的好奇心。

2.善于思考，分析问题

我们对一件事物的思考过程，实际上就是认知从现象到本质、从感性到理性、从具象到抽象的过程。思考其实就是一个分析的过程。通过思考，我们才能够认识事物内部、事物与事物之间的联系。在思考的过程中，你要学会对照比较、归纳概括、融会贯通、举一反三等。

3.多积累，丰富自己的经验

只有多了解实际情况，丰富自己的人生经验，多积累，思考的内容才能更具体、更丰富，看问题才会更全面。因此，要多看书，多了解一些生活规律，用前人的经验来充实自己。例如，可以读一些文学、哲学思想方面的书，这些都是他人经验的结晶、生活的反映。另外，可以培养广泛的兴趣爱好，积极投身于生活实践，有意识地增加社会实践也是一条途径。

转换思维，出路就会在眼前

俗话说："天无绝人之路。"这是一句激励处于困难和逆境中的人们的话，但转机的出现也是有前提的，那就是我们要主动寻找出路，打通自己的死路，而不是坐以待毙。任何一个青少年，都逃不过未来社会激烈的竞争。而竞争不仅需要胆魄和勇气，更需要思想和智慧。没有头脑的人，一旦遇到阻碍，就会为自己设置一个"不可能"的思维模式。而事实上，只要你转换一下思维，拓宽自己的思路，出路就会在眼前出现。

电影界突然一窝蜂地拍摄有动物参加演出的影片。虽然大家几乎是同时开拍，但是其中有一家，不但推出的时间早了许多，而且动物的表演也远较别人精彩，这是为什么呢？

原来，这位导演在同一时间找了许多只外形一样的动物演员，并各训练一两种表演。于是当别人唯一的动物演员费尽力气也只能表演几个动作时，他的动物演员却仿佛通灵的天才一般，变出许多高难度的把戏。而且他采取好几组同时拍的方式，剪接起来立刻就可以将电影推出。观众只见其中的小动物爬高下梯、开门关窗、卸花送报，却不知道全是不同的小动物演的。

这个世界上没有任何事是一成不变的，世界上也没有死胡同，关键就看你如何去寻找出路。

改变事物的现状就是运用思维的力量，思路一变方法来，想不到就没办法，想到了又非常简单，人的思维就是这样奇妙。有一句话说得好：“横切苹果，你就能够看到美丽的星星。”当你在工作或者生活中遭遇困境、原以为是死路的时候，不妨试着转换自己的思路，相信你一定能够化逆境为顺境，化问题为机遇。

有个在马戏团做童工的小青年，他的工作是负责向看马戏的客人推销小食品。但每次看马戏的人不多，买东西吃的人更少，尤其是饮料，很少有人问津。这下可怎么办呢？没人买东西，意味着他收入惨淡，也可能面临失业。

在不知道如何是好的时候，突然有一天，他突发奇想：向每个买票的人赠送一包花生，借以吸引观众，但老板不同意这个“荒唐的想法”。他就用自己微薄的工资作担保，恳求老板让他试一试，并承诺说，如果赔钱就从工资里扣，如果赢利自己只拿一半。于是，马戏团外就多了一个义务宣传员的声音：“来看马戏，买一张票送一包好吃的花生！”在他不停的叫喊声中，观众比往常多了几倍。

观众们进场后，他就开始叫卖起柠檬水等饮料，而绝大多数观众在吃完花生后觉得口干时都会买上一杯，一场马戏下来，他的收入比以往增加了十几倍。

故事中的小青年，在面临自己即将失去推销工作、没有收入的情况下，立即想到了另外一种推销方法：先免费赠送花生，使得观众先“占他的便宜”，进而由于口渴而不得不主动买他的汽水。这种方法无意间就推动了他的销售。如果他总是用一直使用的方法，被动地等待客人来买饮料的话，他的工作成果肯定得不到任何改观。

一个人，在人生的各个阶段，难免会遇到各种不如意的事，而且并不是所有的问题都有好的解决方法，可见人们选择不同的方法解决这些事，就会得到不同的结果，这就是思路不同的原因。真正聪明的人会充分开动大脑，顺着好的思维方式，走向成功的快捷之路。

青少年，你也不要担心自己生来就不聪明，或是以为自己思维不如人。一个聪明的脑袋是可以后天习得的，正如卓别林所说：“和拉提琴或弹钢琴相似，思考也是需要每天练习的。”

在这个世界上，从来没有绝对的失败。在现实生活中，善于思考问题、善于改变思路的人总能给自己赢得机遇，在成功无望的时候创造出柳暗花明的奇迹。在工作中也是如此，你总会遇到各种条件的限制，但你的思路绝不能被钳制住，只要思想是活的，就一定能找到出路。

那么，青少年们，该怎样拓宽自己的思维呢?

1.懂得反省，及时悬崖勒马

当我们的思维活动遇到障碍，陷入困境，难以再继续下去的时候，往往都有必要认真检查一下：我们的头脑中是否有某种定式思维在起束缚作用？我们是否应该换个角度去看问

题了？

2.善于变通，敢于尝试

变通思维是创造性思维的一种形式，是创造力在行为上的一种表现。思维具有变通性的人，遇事能够举一反三，闻一知十，做到触类旁通，因而能产生种种超常的构思，提出与众不同的新观念。科学领域中的任何建树，都需要以思维的变通为前提。一般来说，变通思维用好了，就会起到一种“柳暗花明”的奇妙作用。

打开想象力的闸门，翻腾思维大潮

只有打开想象力的闸门，更有力地展开想象力的翅膀，才会翻腾起充满被动的思维大潮。

法国昆虫学家约翰·法伯曾经做过一个著名的实验，他把许多毛毛虫放在一个花盆的边缘上，使其首尾相接，围成一圈。在花盆周围不远的地方，他撒了一些毛毛虫喜欢吃的松叶。毛毛虫开始一个跟着一个，绕着花盆的边缘一圈一圈地走，一小时过去了，一天过去了，又一天过去了，这些毛毛虫还是夜以继日地绕着花盆的边缘转圈，一连走了七天七夜，它们最终因为饥饿和精疲力竭而相继死去。其实，如果有一个毛毛虫能够破除尾随的习惯而转向去觅食，就完全可以避免悲剧的发生。后来，科学家把这种喜欢跟着前面的路线走的习惯称

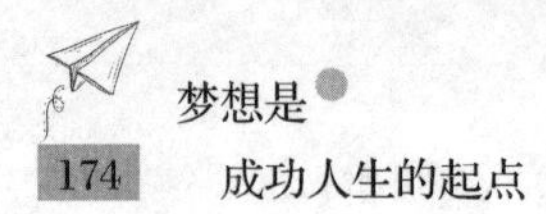

为“跟随者习惯”，把因跟随而导致失败的现象称为“毛毛虫效应”。

这个效应告诉我们，盲目地跟随他人不一定有好结果，我们的生活需要创造力。创造力是指产生新思想，发现和创造新事物的能力。生活中的青少年们，都是未来社会的主人，只有具有锐意变革的精神，才能使自己始终处于竞争中的有利地位。

这是微软全球副总裁张亚勤亲身经历的一个故事：

1985年，张亚勤赴美留学，在以满分通过博士生入学考试后，张亚勤跑去向导师求教如何选择博士论文的题目。

“老师，您看我的博士论文到底该写什么题目？”

谁知道那位老师说：“我还正要问你这个问题呢！”

张亚勤感到很意外。因为在国内，总是导师先给学生划定一个大致的论文范围。而在美国，总是学生自己找研究课题，导师只是最后帮助把握一下，提一些建议。张亚勤很快意识到这就是东西方教育的区别：“开放”与“计划”教育的区别。他认为这种开放的学习方式更能使人产生学习兴趣，也更有创造力：“自己选课题的时候总是最用心的时候。”

的确，知识社会的秘密就在于创造力。正如画家笔下的世界，一张纸、一支画笔，基本颜色永远只有那几种，无非是线条和点的组合，每个元素都没有新的发明，但因为画家的创造力，它就能具备无限的艺术价值。缺乏资源的日本就是个榜样，在其1982年的国策审议中，日本做出了“开发日本人的创造力，是日本通向21世纪的支柱”的决议，把开发国民创造力作为基本国策来执行。

在创新的过程之中，最可怕的是想象力的贫乏。爱因斯坦说：“想象力比知识更为重要。”可以这样说，人的一切发明与创造都源于想象力。一个人一生的成就，全归功于他能建设性地、积极性地利用想象力。有与众不同的想法，才能有意想不到的收获。

一个新的方法，可能给你带来新的收益。我们经常说，方法总比问题多，但是想出一个新的方法却总是要伤透脑筋。大多数时候，我们懒得去想一些新办法，而喜欢沿用前辈们的经验，更喜欢使用一些稳妥的、已经实施过的方案。这就容易让我们形成一种思维惯性，即按固定的思路去想问题，而不愿意换个角度、换种方式去想，拘泥于某种模式。这样不仅不利于问题的更好解决，更会阻碍了我们的思维活性。

想象在一个人成功过程中起着非常重要的作用。只有打开想象力的闸门，更有力地展开想象力的翅膀，才会翻腾起充满被动的思维大潮，才会让思想飞到一个前所未有的成功境地。

那么，青少年该如何提高自己的创造力呢?

1.善于变被动为主动

萧伯纳有一句名言：“明白事理的人使自己适应世界，不明白事理的人想使世界适应自己。”人都是在这种主动的不断调整、不断适应的过程中成长的。那些被动学习和工作的人，总是郁郁不得志。相反，那些积极上进勇于创新者，也许常有一时的困顿，但最终都能拥有一个比较辉煌的职业前景。

2.敢于打破各种定式和共识

要想成为一名拥有创造力的成功人士：第一，要破除迷信权威的定式。第二，要破除没有独立判断力和思考力的“从众定式”。在传统社会中，大部分人的行为选择其实都是从众的结果，很少经过自己独立的深思熟虑。第三，要破除观念思维、经验主义等主观定式，不要给自己上思维枷锁，我们不仅需要敢于挑战专家的权威，也需要敢于自我否定。

3.敢于坚信自己

对于一个创造型人才来说，自信非常重要。拥有自信，才能够不怕失误、不怕失败地去进行新的尝试。在大多数情况下，不敢自信走“小路”的人，通常也难成为创业型人才。

温故而知新，使思想丰富起来

现代社会，我们都强调要创新，任何重大成果的发现，都离不开创新意识的发挥。但我们又发现，那些敢于创新并成功的人，无不是基础知识丰厚或者经验丰富的人。也就是说，创新并不是一句空话，更不是空中楼阁，而是需要建立在一定的知识和经验上。因为创新是一个相当宽泛的概念，它既可以指理论创新，也可以指技术的发明创造，还可以是观念、体制的更新等，其中的核心要素是取得新的认识。新的认识是在突破原有认识基础上的一种创造性的智力活动。也就说，我们在力求创新的同时，也要做到温故知新，才能在旧成果中发现新元素。

的确，在科学技术飞速发展的今天，竞争力的核心，已经发展为学习力的竞争。信息更新周期已经缩短到不足五年，危机每天都会伴随我们左右。处于新时代的青少年们，只有每天如饥似渴地去学习、学习、再学习，不断做到温故而知新，才能使自己丰富和深刻，才能赢得灿烂的明天和成功的未来。

《惊弓之鸟》的故事，大概每个青少年都读过，内容是：

战国时，更羸是有名的神箭手。一天，他跟魏王聊天，抬头看见天空有鸟飞来，他便对魏王说："我不用箭，便可射落天上的飞鸟。"魏王不信。更羸摆好姿势，拉满弓弦，待大雁刚飞到头顶上空，便拉开弓。

只听一声凌厉的弦声，大雁在空中扑棱了几下，便一头跌落下来，魏王惊奇得不相信自己的眼睛。更羸放下弓，解释道："不是箭术高超，而是这只大雁有隐伤，听见弦声惊得掉下来。""你怎么知道它有隐伤？"更羸回答道："这只大雁飞得慢，叫声又凄厉。根据我过去的观察，飞得慢，是由于旧伤疼痛，叫声凄厉，是因长期失群。旧伤口没有痊愈，惊慌的心理还没有消除，因此，听到弓弦响就想惊逃高飞，可是翅膀猛一用力，牵动了旧伤，所以跌落下来。"

更羸就是通过观察、分析得出的结论。大雁有隐伤，因而只拉弓，没射箭就惊下了大雁，这一点，恐怕其他射手在射大雁的时候就没想到。而他的这种创新能力与他的经验是分不开的。更赢若是个射箭新手，他显然不会有经验来判断“飞得慢，是由于旧伤疼痛，叫声凄厉，是因长期失群。旧伤口没有痊愈，惊慌的心理还没有消除”。也就不可能射下惊弓之鸟。

另外，在工作中，经常会有这样的情况：同样对一件事的研究，不同的人得出的结论却不同。年长的前辈因为经验丰富，遇到的事情多、思路明晰、方法得当，因此工作效率快，而且一步就能做到位；很多年轻人却因经验不够，所以思路不对、方法也不当，工作上总是犯错误，经常需要返工；甚至有的年轻人盲目决策，造成重大失误。经验越丰富的人，往往洞察力越强。

因此，青少年们，你们只有多了解实际情况，丰富自己的人生经验，多积累，思考的内容才能更具体、更丰富，创新的能力才能更强。

想象力的开发和利用不是一时之功，而是活动主体长期知识积累和不断努力的结果。从这个意义上，我们可以把创新看作活动主体对已获知识要素所做的富于想象力的整合的产物。也就是说，创新实际上是活动主体在已有知识积累基础之上的智慧创造。创新中的“新”是“创”的必然结果，是新颖之突现，是想象力发挥作用的结果。因此，创新的实现，就需要我们每个人做到温故而知新。

这一启示告诉青少年们，要想做到创新，就需要从温故和知新两个方面来努力，从而做到挖掘新元素：

1.善于学习前人的经验

像牛顿这样的科学家，在概括自己的科学理论成果时都说，他是站在巨人肩上的矮子。牛顿当然不是矮子，而是巨人，但他确实是站在前人的肩上的。没有牛顿对前人知识的学习、吸收和批判，就不可能有牛顿的科学理论创新。

因此，每个青少年，都需要多看书和参加社会实践，多了解一些生活规律，用前人的经验来充实自己。

2.善于整合旧元素，形成新元素

因为创新本身就是对传统观念、理论、体制、技术等进行革命性扬弃的过程，是在获取原有思想理论的基础上，研究新情况，解决新问题，形成新认识，指导新实践，求得新发展的过程。纵观科学技术发展史上的发现、发明等创新活动，无一不是活动主体在深入学习和研究前人已有知识的基础上，通过自己智慧创造的结果。

谁拒绝创新，谁就会平庸

自古以来，人类就是在不断创新中不断进步的，可以说，人类如果没有创新，只会停滞不前。同样，作为个人，能否保持思维创新，直接关系到一个人的事业成败，因为只有创新才能激活自己全身的能量。有效的创新会点燃人生火花，成为突破生存梦想的手段。谁有创新思想，谁就会成为赢家；谁要拒

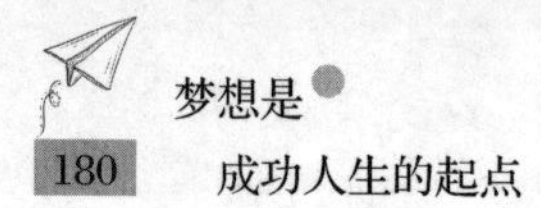

绝创新，谁就会平庸！青少年，年轻就是力量，只要你敢于创新，你就会与众不同。

5岁的小姑娘刘明明，是北京某机关大院里的“孩子王”，常常被幼儿园阿姨追到家里找父亲告状。带着一群小朋友爬树，偷摘果园里刚刚成熟的苹果，替受了外班同学欺负的小伙伴去打抱不平，反正每样闯祸的事情都和她脱不了干系。

将近半个世纪之后，福伊特造纸技术（VOITHPAPER）中国区总裁兼首席代表刘明明，坐在她上海的办公室里回忆童年：“我从小胆子就大，而且敢作敢当，性格特别像男孩子。”事实上，刘明明今天仍然是一位以“大胆”给人留下深刻印象的女总裁：为了上亿美元的大项目敢和顶头上司针锋相对，在意见不同时敢于坚持，力排众议说服犹豫不决的集团总部给中国市场重新定位，甚至最初获得“首席代表”的身份也颇有些传奇色彩：“他们最早想让我做副手，我说，我自己去和董事会谈。”

从一个捣蛋鬼、小女子到一位身价不菲的女总裁，正是她身上那股敢于说“不”的勇气，让她跻身于成功者的行列。青少年，你呢？你具备创造力吗？你是否曾经是那个经常被欺负的小孩？如果你还揣着成功梦，你就必须学会说“不”。

松下幸之助曾经说过：“今日的世界，并不是武力统治而是创新支配。”一个小小的改变，只要能跳出传统守旧的观念，将自己的思想方式巧妙地变一变，往往就会产生意想不到的效果。还记得那个引起诸多争议的人物拿破仑吗，他可谓是

当时欧洲政坛最没“规矩”的人物了。

他从政没有规矩：一个没有贵族血统、没有门第背景的人，依靠娶了一个有钱的寡妇，挤进了法国政坛；他打仗没有规矩：别人都是列着队敲着鼓走到了跟前再放枪，可他打仗是先用大炮轰，然后再让骑兵冲上去一顿乱砍；他用人没有规矩：除了法国，当时没有任何一个欧洲国家的元帅是鞋匠木工小摊贩，可他的26位元帅中，有24位出身于此类平民；他甚至连加冕都没有规矩：别的皇帝都是跪下让教皇把王冠给他戴上，他竟然是站起来抓过王冠，自己给自己戴上的！

如同当时欧洲的贵族们怒斥的那样：拿破仑这个土匪是世界上最没有规矩的人！但他成为了蜚声于世的拿破仑，成为一代代军事迷追逐的神话。规矩是一种标准、法则和习惯，合乎标准和常理的人总是规矩最忠实的践行者，但他们终生踏着别人的脚印走路，毫无创意可言。

人们常说：“创新始于天才。”其实，这话应该做个颠倒，“天才始于创新”才合乎情理。“天才”与大家一样，原本都是普普通通的人，重要的区别就是他们敢于创新罢了。

其实每个人都有自己的创新意识，有的时候只是处于隐蔽状态，未曾开发出来而已。因此，青少年，只要你敢于突破常规、敢想敢干，一样能够突破自我。

杰出的创意是获得成功的可靠保障，良好的思维胜于健全的体魄。成功是从“想”开始的，只有敢“想”，会“想”，并“想”出结果，你才会是成功者的候选人。

对此，青少年，在培养自己的创新意识时，应注重以下几个方面：

1.培养求知欲

“学而创，创而学”是创新的根本途径。青少年只有具备勤奋求知精神，不断地学习新知识，才能在自主创新中发挥生力军作用。

2.培养好奇欲

将蒙昧时期的好奇心向求知时期的好奇心转化，这是坚持、发展好奇心的重要环节。要对自己接触到的现象保持旺盛的好奇心，要敢于在新奇的现象面前提出问题，不要怕问题简单，不要怕被人耻笑。

3.培养创造欲

不满足于现成的思想、观点、方法及物体的质量、功用，要经常思考如何在原有基础上创新发明、推陈出新，大脑里经常有“能否换个角度看问题？有没有更简捷有效的方法和途径”等问题盘旋。

4.培养质疑欲

“学起于思，思源于疑。”有疑问才能促使自己去思考，去探索，去创新。因此，你需要鼓励自己大胆质疑、提出多种解决问题的方案及最佳方法。从多角度培养自己的思维能力，激励自己创新。提出问题是取得知识的先导，只有提出问题，才能解决问题，认识才能提高。一定要以锐不可当的开拓精神，树立和提高自己的自信心，既要尊重名人和权威，虚心学

习他们的丰富知识经验，又要敢于超越他们，在他们已进行的创造性劳动的基础上，再进行新的创造。

当然，我们这里说的创新、对规则说“NO”，主要说的是对人们日常形成的思维定式敢于提出挑战，而不是不遵守法律。法律是维持一个社会正常运转的必要的规范，它约束我们不做对他人有伤害的行为，唯有来自前人以及大多数人习惯的定式规则，才是禁锢我们头脑的大敌。不论个人还是企业，一旦头脑被禁锢，他的发展就一定受到限制。

参考文献

[1]童沐恩.梦想没有终点[M].武汉：华中科技大学出版社，2018.

[2]冯耀龙.梦想的力量[M].北京：台海出版社，2018.

[3]艾尔文.你的梦想就是最棒的存钱筒[M].武汉：湖北科学技术出版社，2017.

[4]秦春华.梦想的力量[M].北京：北京大学出版社，2013.